电子线路制图与制版——

基于 Altium Designer 案例教程

主　编　张　鹏　李　想

副主编　任志平　冯　波

参　编　蒋卫中（企业）

北京理工大学出版社

BEIJING INSTITUTE OF TECHNOLOGY PRESS

图书在版编目（CIP）数据

电子线路制图与制版：基于 Altium Designer 案例教程 / 张鹏，李想主编 . -- 北京：北京理工大学出版社，2025.2.

ISBN 978 - 7 - 5763 - 5057 - 9

Ⅰ. TN410.2

中国国家版本馆 CIP 数据核字第 2025BK1815 号

责任编辑：王培凝　　**文案编辑**：李海燕
责任校对：周瑞红　　**责任印制**：施胜娟

出版发行 / 北京理工大学出版社有限责任公司

社　　址 / 北京市丰台区四合庄路 6 号

邮　　编 / 100070

电　　话 / （010）68914026（教材售后服务热线）
　　　　　　（010）63726648（课件资源服务热线）

网　　址 / http://www.bitpress.com.cn

版 印 次 / 2025 年 2 月第 1 版第 1 次印刷

印　　刷 / 涿州市京南印刷厂

开　　本 / 787 mm × 1092 mm　1/16

印　　张 / 21

字　　数 / 490 千字

定　　价 / 86.00 元

前　言

　　党的二十大报告强调，"教育、科技、人才是全面建设社会主义现代化国家的基础性、战略性支撑"。随着新一轮科技革命与产业变革的加速演进，科技前沿领域不断涌现新的突破，电子信息作为与众多前沿科学关联密切、耦合度高的重要技术门类，在推进我国科技进步和创新过程中发挥着重要作用，加强这一领域人才的培养和储备尤为关键，能为实现教育强国、科技强国和人才强国提供有力的人才支撑。《电子线路制图与制版——基于 Altium Designer 案例教程》是高职电子信息类专业"电子线路 EDA 技术"课程教学用书，融合了计算机技术、现代电子技术、控制技术，以 Altium Designer 软件为环境平台，以电路原理图设计、仿真以及 PCB 设计等为关键技能，形成电子线路的计算机辅助设计专业学习领域，是一本实用性强、通俗易懂的专业教材。

　　本书的特点是浅显易懂、循序渐进，内容丰富、案例翔实，以项目导向、任务驱动，以 Altium Designer 软件为教学平台，给出了全面的电子产品设计开发解决方案。全书分为四个部分，共 12 个项目内容，包括 Altium Designer 概述、电路原理图设计基础、原理图库操作、层次化原理图设计、PCB 设计基础、创建元器件库、PCB 设计规则设置、元器件封装的制作与管理、PCB 元器件库管理、PCB 高级设计、电路仿真设计等内容，通过两个综合实例详细介绍了使用 Altium Designer 的完整设计过程。每个项目都提供了丰富的案例和习题，读者可以通过学习和实战进行理解和掌握，有效提升工程实践能力和创新能力。通过学习使用 Altium Designer 软件，读者可以举一反三，掌握其他 EDA 设计工具。本书可作为大中专院校电子信息、电气、自动化类专业的教学用书，也可作为工程技术人员、电子爱好者从事工程实践的参考用书。

　　本书的编写凝结了作者多年的教学成果和实践经验，全书始终贯穿了先进的教学理念和严谨的治学精神。相信通过对本书的学习，广大读者将能够进一步提升自身的专业水平和工程实践能力，在各自的行业和领域取得更加卓越的成就。我们十分期待广大读者为本书提出宝贵的意见建议，以便今后的改进和提升。

　　最后，衷心感谢所有支持和参与教材编写的有关单位和人员，以及陕西国防工业职业技术学院"电子线路制图与制版"课程教学团队为教材编写提供的帮助。本书由陕西国防工业职业技术学院张鹏副教授、李想副教授担任主编，西安石油大学任志平副教授、陕西

1

国防工业职业技术学院冯波副教授担任副主编，中兴通讯股份有限公司蒋卫中高级工程师参编。具体编写分工为：张鹏编写项目3、项目6、项目9；李想编写项目1、项目2、项目4、项目11；任志平编写项目7、项目10，冯波编写项目8、项目12，蒋卫中编写项目5。附录Ⅰ、附录Ⅱ、附录Ⅲ和附录Ⅳ由张鹏执笔。在全书编写过程中，得到了陕西晟思智能测控有限公司贾隽峰技术总监的大力支持，为编写提供企业标准参考和技术指导。全书由陕西国防工业职业技术学院全卫强教授主审。由于编者水平所限，书中难免有疏漏之处，恳请广大读者批评指正。

编　者

目录

第一部分 基础篇

第二部分 进阶篇

第三部分 提升篇

第四部分　拓展篇

第一部分　基础篇

项目 1

Altium Designer 概述

项目导入

  电子线路制图与制版是现代电子世界的基石，同时也是现代电子设备中不可或缺的核心组件，它在电子设备的设计、制造和功能实现中起着关键的作用。电子线路制图与制版广泛应用于国防、航空、通信、医疗、计算机、消费电子等关键领域。PCB 是所有电子产品正常运行不可或缺的模块，也是现代电子技术中的一个重要组成部分，在各行各业的技术创新和进步中都发挥着至关重要的作用。

  本项目主要介绍 PCB 的概念及 Altium Designer 的安装、启动方法、软件的汉化、软件的初步认识等，重点介绍软件的发展历程及 Altium Designer 软件的各种工具。

知识目标

1. 了解 Altium Designer 的基本概念、安装方法和应用功能；
2. 理解 Altium Designer 在 EDA 领域的作用和优势；
3. 掌握 Altium Designer 中常用的设计流程和操作步骤。

能力目标

1. 能学会在 Altium Designer 中进行环境设置；
2. 能对 PCB 的组成、封装等环节建立初步认识；
3. 能初步分析和解决在软件工作过程中遇到的常见问题。

素质目标

1. 培养学生领悟 EDA 对现代电子工业发展的意义；
2. 培养学生自主学习能力，独立掌握新的设计工具和技术；
3. 培养学生的创新思维和工程设计能力；
4. 培养学生树立正确的价值观和职业态度。

任务 1.1 了解 PCB——电子产品之母

本任务首先介绍印制电路板（Printed – Circuit Board，PCB）的作用，其次分析电子行业的两大支柱：PCB 与电子元器件。了解 PCB 从早期形式到如今现代化、复杂化的发展轨迹。在任务实施的过程中，首先由教师讲授 PCB 发展历史，再由学生翻转课堂表述 PCB 未来趋势。

PCB 是电子元器件的支撑体，其主要功能是使各种电子元器件通过电路进行连接，起到导通和传输的作用，是电子产品的关键电子互连件。由于它是采用电子印刷术制作的，因此称为印刷电路板。PCB 是由奥地利人保罗·爱斯勒在 1936 年发明的，他首先在收音机里采用了 PCB，到 20 世纪 50 年代中期，PCB 才开始被广泛运用。

PCB 的设计通常包括简单的手工版图设计以及复杂的电子设计自动化（Electronic Design Automation，EDA）的分支。它们的使用范围非常广泛，几乎所有类型的电子设备都需要依赖 PCB 来实现不同电子元器件之间的连接和信号传递。集成电路是电子信息工业的粮食，半导体技术体现了一个国家的工业现代化水平，引导电子信息产业的发展。而半导体电子元气件的电气互连和装配必须靠 PCB。因此，PCB 被誉为电子产品的"心脏"，对电子产品的稳定性和使用寿命有着重要影响，有时甚至被称为"电子产品之母"。

总结来说，PCB 在各种电子设备中都扮演着重要的角色。例如，在手机中，PCB 连接着处理器、内存、显示屏和各种传感器，实现了各个部件之间的信号传输和数据交换。PCB 的主要功能是为各种电子组件提供电气连接，并通过其提供的电气特性支持电子产品的稳定运行和使用寿命。PCB 从单层发展到双面、多层和挠性板，并且仍旧保持着各自的发展趋势。在如今的 PCB 上，能看到巨大的复杂性。一块指甲盖大小的 PCB，就集成了多层板制造技术、计算机辅助设计（Computer Aided Design，CAD）技术、表面安装技术（Surface Mount Technology，SMT）。推动当前 PCB 技术发展的不仅仅是这些特定技术体系上的创新，更多的是先进技术趋势及其相关应用的出现推动了 PCB 发展，指明了 PCB 发展的方向。它们可以分为两个主要部分："以人为本"的趋势，关注技术如何影响人类；以及"智慧空间"的趋势，集中于影响生活或工作环境的技术方向。这些关键技术趋势包括 5G、物联网（Internet of Things，IoT）、人工智能（AI）、人体增强、超级自动化和自动化物体。这些趋势使得大量数据在短时间内传输、转移、管理和处理成为可能，从而最小化时延问题——这是边缘计算的一个关键方面。由于 PCB 不断地向高精度、高密度和高可靠性方向发展，不断缩小体积、降低成本、提高性能，使其在未来电子设备的发展进程中，仍然保持着强大的生命力。

任务训练

1. 请论述 EDA 与 PCB 之间的关系。
2. 请查阅相关资料，论述近年来手机 PCB 革命性的发展。

1.1.1 PCB 的组成

本节首先初步介绍 PCB 的构成方式，其次会讲解 PCB 的光板组成，最后深入介绍 PCB 的概念及名词释意。在任务实施的过程中，教师讲授由具体结构结合实物初步理解从电路设计到 PCB 制造的整个过程。

如图 1-1 所示，这是一块计算机显卡的 PCB 实物，PCB 上的主要元件包括显存芯片、电源稳压芯片、图形处理器（Graphics Processing Unit，GPU）和一系列电容和电感等元器件。同时，显卡的 PCB 还应支持相应的接口功能，如高清数字多媒体接口（High Definition Multimedia Interface，HDMI）、数字式视频显示接口（Displayport）、数字视频接口（Digital Visual Interface，DVI）、视频图形陈列（Video Graphic Array，VGA）等输出接口。

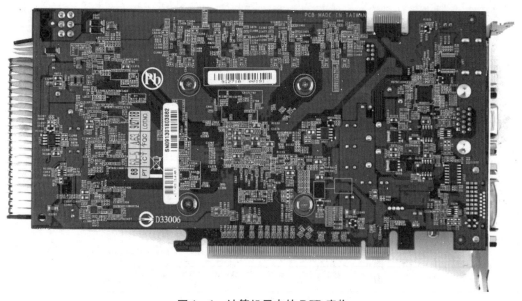

图 1-1 计算机显卡的 PCB 实物

PCB 主要由焊盘、过孔、安装孔、导线、元器件、接插件、填充、电气边界等组成。目前的电路板光板主要由以下部分组成。

（1）线路（line）与图面（pattern）：线路是作为元件之间导通的工具，在设计上会另外设计大铜面作为接地及电源层。线路与图面是同时做出的。

（2）介电层（dielectric）：用来保持线路及各层之间的绝缘性，又称基材。

（3）过孔（via）：过孔分为通孔（through hole）、盲孔（blind via hole）和埋孔（buried via hole）。其中通孔又分为导通孔和非导通孔，导通孔可使两层以上的线路彼此导通，较大的导通孔则作为零件插用。非导通孔通常用来作为表面贴装定位，组装时固定螺钉用。盲孔用于连接表层和内层，不贯通整个电路板。埋孔用于连接内部电路层但不连接表层。

（4）防焊油墨（solder mask）：并非全部的铜面都要吃锡上零件，因此非吃锡的区域，会印一层隔绝铜面吃锡的物质（通常为环氧树脂），避免非吃锡的线路间短路。根据不同的工艺，分为绿油、红油、蓝油三种。

（5）丝印（silk screen）：丝印不是 PCB 的必要构成部分，主要的功能是在电路板上标注各零件的名称、位置框，方便组装后维修及辨识用。

（6）表面处理（surface finish）：由于铜面在一般环境中很容易氧化，导致无法上锡（焊锡性不良），因此会在要吃锡的铜面上进行保护。保护的方式有热风整平（Hot Air Solder Leveling，HASL）、化学镀金（Electroless Nickel Immersion Gold，ENIG）、沉银（Immersion Silver，ImAg）、沉锡（Immersion Tin，ImSn）、有机可焊性保护剂（Organic Solderability Preservative，OSP），这些方法各有优缺点，统称为表面处理。

任务训练

请用思维导图方法绘制电路板的组成关系。

1.1.2　PCB 的层结构

本节首先初步介绍 PCB 的层的概念，其次会讲解 PCB 的各种物理层，最后深入介绍 PCB 板层结构及名词释意。在任务实施的过程中，首先由教师讲授理论知识，再由学生绘制板层示意图。

图 1-2 所示为 PCB 分层示意图。

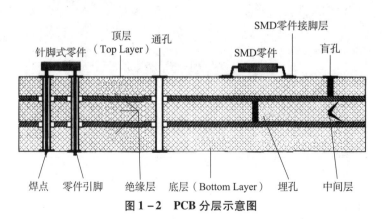

图 1-2　PCB 分层示意图

以现在常见的手机主板为例，普遍使用的是 10 层电路板，其中包括以下几个层。

（1）顶层（Top Layer）：顶层是最上面的层，通常包含主要的元器件和信号跟踪。这是与外部连接的主要层，如插针、焊盘等。

（2）底层（Bottom Layer）：底层位于 PCB 的底部，也包含元器件和信号跟踪。与顶层相比，底层主要用于地平面连接和辅助信号线路。

（3）内部层（Internal Layers）：除了顶层和底层之外，PCB 还可以有多个内部层。内部层是通过在两个或多个薄片之间添加铜层来实现的。这些层用于信号传输和电源分配，并且可以帮助减少信号干扰。

（4）信号层（Signal Layers）：信号层是处理数据和信号的关键层。对于复杂的电路板设计，可能会有多个信号层，每个层都负责特定的信号跟踪。

（5）电源层（Power Layers）：电源层是用来提供电力给电子组件的层。通常有一个或多个电源层，它们通过与地平面连接提供电源和大地引脚。

（6）地平面层（Ground Plane Layers）：地平面层主要用于提供低阻抗路径和屏蔽地。它们位于信号层和电源层之间，有助于减少信号干扰和噪声。

（7）阻抗控制层（Impedance Control Layers）：阻抗控制层用于确保特定信号线的阻抗匹配。这些层上的设计可以帮助优化信号传输性能并降低信号损耗。

◉ 任务训练

请用思维导图方法中的鱼骨图绘制电路板分层结构。

1.1.3　PCB 的工作层类型

本节首先初步介绍 PCB 工作层的概念；其次会讲解 PCB 各种层的区别；再次将介绍 PCB 板工作层的结构及功能用途；在任务实施的过程中，由教师传授工作层的基本理论知识。

PCB 包括许多类型的工作层，如信号层、防护层、丝印层（Silkscreen Layer）、内部层等。PCB 的各层之间有以下几个主要区别。

（1）顶层和底层板。顶层和底层板是 PCB 的外层，它们通常包含主要的元器件、连接器和信号跟踪。这些层直接与外部连接，并提供了电子设备与其他组件的接口。

（2）内部层板。内部层板位于顶层和底层板之间，它们通过在两个或多个薄片之间添加铜层来实现。内部层板主要用于信号传输和电源分配，可以帮助减少信号干扰，并提供更复杂的电路布局。

（3）信号层板和电源层板。在内部层板中，通常会有特定的信号层板和电源层板。信号层板用于处理数据和信号传输，而电源层板用于提供电力给电子组件。信号层板和电源层板之间可能会有地平面层来提供低阻抗路径和屏蔽地。

（4）阻抗控制层板。阻抗控制层板用于确保特定信号线的阻抗匹配。这些层上的设计可以帮助优化信号传输性能并降低信号损耗。

总的来说，不同层的 PCB 在功能和用途上有所区别。顶层和底层板提供与外部连接的接口，内部层板用于信号传输和电源分配，信号层板处理数据和信号，电源层板提供电力，地平面层提供低阻抗路径和屏蔽地，而阻抗控制层板用于优化信号传输性能。这些层的组合和设计根据具体应用需求和电路复杂度的要求而定。

◎ 任务训练

请用思维导图中的组织结构图绘制电路板各层的区别。

1.1.4 元器件封装的基本知识

本节首先介绍不同封装类型的应用场景和优缺点，其次介绍如何选择合适的封装类型和规格，掌握元器件封装的相关内容。在任务实施的过程中，由教师引导学生学习封装设计软件的使用，进行封装设计和仿真分析，提高设计效率和质量。

所谓元器件封装，是指元器件焊接到电路板上时，在电路板上所显示的外形和焊点位置的关系。封装不仅起着安放、固定、密封、保护芯片的作用，而且是芯片内部和外部沟通的桥梁。

1. 封装类型

（1）表面贴装封装（Surface Mount Package，SMP）：是现代 PCB 设计的常用封装类型，包括方形扁平无引脚封装（Quad Flat No – leads，QFN）、小外形封装（Small Out – line Package，SOP）、球栅阵列（Ball Grid Array，BGA）等，具有体积小、可靠性高等特点。

（2）芯片级封装（Chip – level Package）：直接将芯片封装到塑料或陶瓷中，通常用于集成度高的微处理器和存储器等芯片。

（3）传统插件封装（Through – hole Package）：通过孔穴插入焊接到 PCB 上的封装类型，适用于特定应用或对可靠性要求较高的场合。

2. 封装设计

（1）外形设计：考虑元器件在 PCB 上的布局和空间占用，设计合适的封装外形以确保元器件安装稳固且电路连接可靠。

（2）引脚布局：根据元器件的功能和电路连接需求，设计合理的引脚排列方式，便于焊接和连接。

（3）焊盘设计：确定焊接区域和焊盘尺寸，保证焊接质量和信号传输可靠性。

3. 封装选型

（1）根据电路设计需求和元器件特性，选择合适的封装类型和规格，需要考虑功耗、散热、空间等因素。

（2）考虑封装的可用性和成本，结合项目预算和量产需求，作出合理的选择。

◎ 任务训练

请用思维导图中的蜘蛛图绘制电路板元器件封装的类型及规格。

任务 1.2 Altium Designer 简介

本任务首先介绍 Altium Designer 及由来，其次介绍 Altium Designer 的功能及主要特点，最后讲解应用领域及版本和支持。在任务实施的过程中，教师指导学生学习利用思维导图绘制 Altium Designer 相关理论。

Altium Designer 是 Altium 公司推出的一种 EDA 设计软件。该软件综合电子产品一体化开发的所有必需技术和功能。Altium Designer 在单一设计环境中集成板级和现场可编程门阵列（Field Programmable Gate Array，FPGA）系统设计、基于 FPGA 和分立处理器的嵌入式软件开发以及 PCB 版图设计、编辑和制造，同时集成了现代设计数据管理功能，使得 Altium Designer 成为电子产品开发的完整解决方案。

1. 功能概述

（1）Altium Designer 集成了原理图设计、PCB 布局、仿真、设计规则检查（Design Rule Check，DRC）、库管理、版本控制等多种功能于一体，为电子工程师提供了全面的设计解决方案。

（2）它具有直观的用户界面和强大的功能，适用于从初学者到专业工程师的各种设计需求。

2. 主要特点

（1）原理图设计：Altium Designer 提供了灵活的原理图设计工具，支持多种元件的添加、连接和参数设置。

（2）PCB 布局：通过高效的布局和布线工具，Altium Designer 可以帮助用户设计出高质量、高可靠性的 PCB。

（3）仿真分析：支持电路仿真和信号完整性分析，帮助用户在设计阶段发现和解决潜在问题。

（4）库管理：Altium Designer 内置了丰富的元件库和模型库，同时也支持用户自定义元件库并进行管理。

（5）制造文件生成：可以生成用于制造的 Gerber 文件、钻孔文件等，方便用户进行 PCB 生产。

3. 应用领域

（1）Altium Designer 广泛应用于电子产品的设计和开发领域，包括消费电子、通信设备、工业控制、汽车电子等多个行业。

（2）它不仅适用于小型项目和个人制作，也可以满足大型企业的专业设计需求。

4. 版本和支持

（1）Altium Designer 有不同版本，包括标准版、专业版和高级版，用户可以根据需求选择合适的版本。

（2）它提供了丰富的在线文档、视频教程和社区支持，帮助用户快速入门和解决问题。

总的来说，Altium Designer 作为一款全面的 EDA 软件，具有强大的功能和广泛的应用领域，为电子工程师提供了高效、便捷的设计工具和解决方案。

⊙ 任 务 训 练

请用思维导图中的气泡图绘制 Altium Designer 的主要特点及应用领域。

任务1.3 Altium Designer 安装

（1）下载 Altium Designer 文件包，将其解压。

（2）在解压目录中找到 AltiumInstaller. exe 文件双击运行。

（3）弹出 Altium Designer 安装向导对话框，如图 1-3 所示。

图1-3 安装向导对话框

（4）单击 Next 按钮，出现接受协议界面，如图 1-4 所示，选中 I accept the agreement 单选按钮。

（5）单击 Next 按钮，选择版本号和安装的源文件，如图 1-5 所示，可以保持默认。

（6）单击 Next 按钮，选择安装功能组件及安装程序到哪个文件夹。其中，初学者可以选择第3个选项并勾选 Aldec Simulator 复选框，如图 1-6（a）所示，单击 Next 按钮，确认安装的目标文件夹，默认是 C 盘，根据使用习惯可以进行更改，其他的路径不变，如图 1-6（b）所示。

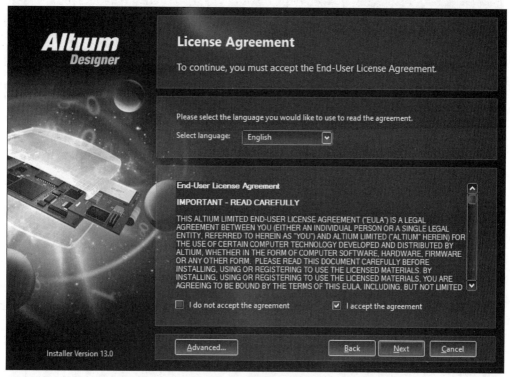

图 1-4　接受协议界面

图 1-5　选择版本号和安装的源文件界面

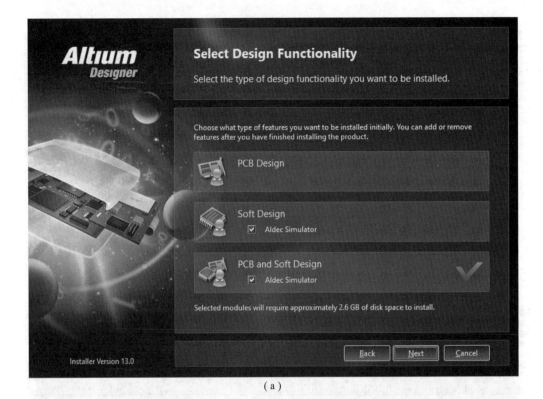

（a）

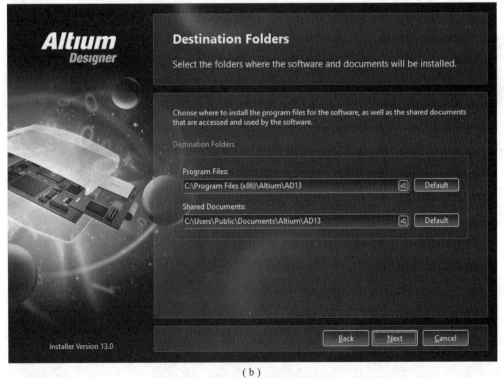

（b）

图 1-6　选择默认功能及安装目标路径

（a）选择功能组件；（b）选择目标路径

（7）单击 Next 按钮，出现准备安装界面，如图 1 - 7 所示。

图 1 - 7　准备安装界面

（8）单击 Next 按钮，出现安装过程界面，如图 1 - 8 所示。

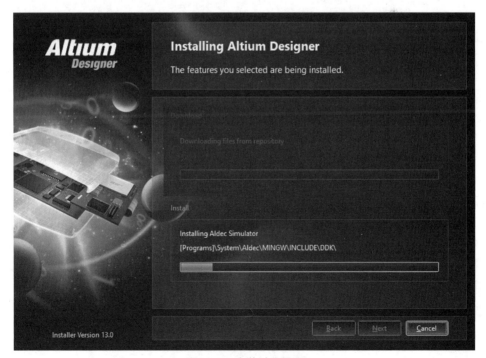

图 1 - 8　安装过程界面

（9）安装完成后，如图 1 – 9 所示，单击 Finish 按钮完成安装。

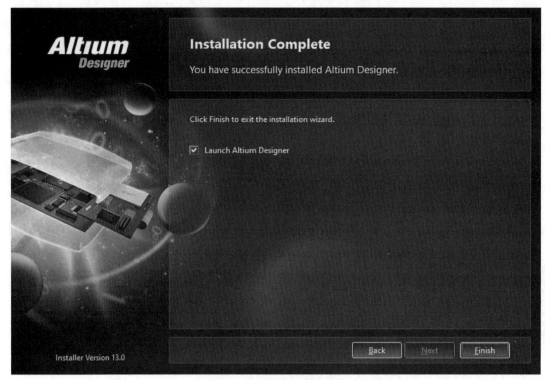

图 1 – 9   安装完成界面

任务训练

请在机房安装 Altium Designer 并记录相关流程。

任务 1.4   Altium Designer 汉化

（1）安装完成后，从"开始"→"所有程序"中启动 Altium Designer。

（2）软件启动过程中可以看到软件的版本号。

（3）软件启动成功后，软件语言是英文的。

（4）单击 DXP 按钮，在出现的菜单中选择 Preferences 命令。

（5）按图 1 – 10 所示进行设置后，退出 Altium Designer，再一次重新启动后，软件的工作窗口界面成为中文。

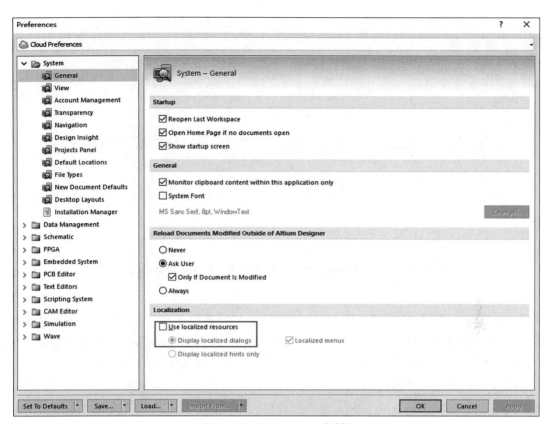

图 1 – 10　**Preferences** 对话框

任务训练

请在机房完成 Altium Designer 汉化过程。

任务 1.5　Altium Designer 的卸载

Altium Designer 的卸载和大多数的 Windows 应用软件相同。

卸载前，请保证程序没有运行。

（1）可以通过控制面板进行卸载，同时按 Win + R 组合键，打开"运行"对话框，输入 appwiz. cpl，按 Enter 键，打开"卸载程序"窗口，找到 Altium Designer 并右击，在弹出的快捷菜单中选择"卸载"命令即可。

（2）可以通过 Altium Designer 自带的卸载程序进行卸载。找到 Altium Designer 的安装目录，一般应用软件安装在 C:\Program Files（x86）或者 C:\Program Files 下，如果有桌面快捷方式，可以在快捷方式上右击，在弹出的快捷菜单中选择"属性"命令，在弹出的对话框中单击"打开文件位置"按钮，直接进入 Altium Designer 的安装目录，找到卸载程序，卸载程序一般以 un 开头，如 unist. exe 等，双击运行即可卸载。

任务训练

请在机房完成 Altium Designer 卸载流程。

任务 1.6　Altium Designer 软件的库文件和实例文件

Altium Designer 在安装后，很多库文件和实例文件并没有安装到目标文件夹中，需要额外将下载解压后的各种文件复制到安装目录中，后续会详细讲解。

任务 1.7　Altium Designer 工作环境介绍

本任务首先介绍 Altium Designer 工作环境，其次在任务解析过程中，讲授 Altium Designer 的界面知识及使用方法，掌握电子工程师应具备的相关软件知识。在任务实施过程中，由教师指导学生学习 Altium Designer 工作面板打开、关闭及查找的相关操作。

1. Altium Designer 的启动

启动 Altium Designer 的方法和其他应用软件没有区别：在"开始"菜单中找到 Altium Designer 选项，单击即可启动。

2. 主窗口

Altium Designer 启动后，进入主窗口。用户可以使用该窗口进行项目文件的操作，如创建新项目、打开文件等。

3. 主菜单

主菜单如图 1–11 所示。主菜单中包括用户配置按钮 ![DXP] 和 5 个菜单，它们的作用各不相同。

4. 工具栏

工具栏中的按钮全部包含在各个菜单中，将鼠标移到相应的菜单上就可以选择相应的命令，如图 1–12 所示。

图 1–11　主菜单　　　　　　　　　图 1–12　工具栏

5. 工作面板

Altium Designer 启动后在主窗口左边自动出现默认的 Files 面板。

该面板的操作分 5 个类型。

（1）"打开文档"：打开 Altium Designer 支持的单个文件。

（2）"打开工程"：打开 Altium Designer 支持的工程文件。

（3）"新建"：新建 Altium Designer 支持的单个文件或工程文件。

（4）"从已有文件新建文件"：从已有文件中新建文件。

（5）"从模板新建文件"：从模板中新建文件。

注意：System 按钮在电路设计时会经常用到，比如，要显示已经隐藏的元件库、显示已经隐藏的 Projects 面板、显示 Messages 面板等。

任务训练

请用思维导图中的树状图绘制 Altium Designer 工作窗口。

任务 1.8　PCB 设计流程

通用的 PCB 设计流程包含以下四步。

（1）PCB 设计准备工作。

（2）绘制原理图。

（3）将原理图导入到 PCB 图中。

（4）绘制 PCB 图并导出 PCB 文件，准备制作 PCB。

任务训练

请用思维导图中的流程图绘制 PCB 设计流程。

技能实训 1.9　练习

1. 简答题

（1）什么是 PCB？PCB 的功能是什么？

（2）PCB 的组成是什么？

（3）PCB 常见的板层结构有哪些？

（4）PCB 工作层面有哪些？

（5）什么是元件封装？

（6）简要介绍 Altium Designer 软件的工作环境。

（7）简述 PCB 的设计流程。

2. 上机操作

完成 Altium Designer 软件的汉化设置。

学习任务评价表

姓名		班级		学号	
课程名称				时间	
任务名称					

一级指标	二级指标	评估标准	权重系数	得分		
				自评	互评	师评
学习态度及学习习惯（20分）	学习态度	1. 上课遵守纪律，专心听讲，勤操作，勤思考。 2. 不迟到，不早退，考勤状况好。 3. 不打瞌睡，不玩手机	10分			
	学习习惯	1. 认真、按时、独立地完成课堂任务，坚持预习、复习。 2. 上课主动举手，积极回答老师提出的问题，反馈信息。 3. 认真做笔记，课后及时完成老师安排的作业	10分			
任务成绩及技能作业（50分）	任务成绩	得分公式：任务训练成绩占总评成绩的30%	30分			
	技能作业	认真独立地完成老师课后布置的作业，并按时上传到线上平台	20分			
学习能力（30分）	学习方法	1. 能够掌握科学的学习方法。 2. 能够运用已掌握的学习方法解决EDA学科中的问题。 3. 课后看视频，登录平台，参与任务讨论并发表讨论话题。 4. 课前有预习和充分准备，课后进行复习并完成作业	10分			
	收集与处理信息的能力	1. 经常阅读电子线路EDA技术有关的课外书籍，关注本学科的前沿知识和热点问题。 2. 会通过网络寻找相关资料。 3. 会利用参考书，图书馆阅览室查阅相关资料	5分			
	学生操作协作能力	1. 在学习活动中，积极参与，善于合作，能够在与别人的合作中达到学习的目的。 2. 尊重他人的劳动成果，善于动员别人与自己合作并在合作中提高自己的学习能力，加强团队协作意识和创新精神	10分			

一级 指标	二级 指标	评估 标准	权重 系数	得分		
				自评	互评	师评
学习 能力 （30 分）	个人能力	1. 观察力。 2. 注意力。 3. 记忆力。 4. 思维能力。 5. 扩展能力	5 分			
学习 效果 （10 分）	三维目标	1. 提高学生学习的积极主动性，达到老师要求合格的教学目标。 2. 学会分析和解决问题，锻炼一定的能力。 3. 学生的情感、态度、价值观都得到相应的发展	10 分			
总分						

项目 2

Altium Designer 窗口介绍及文件管理

项目导入

项目 1 已经初步讲解 Altium Designer 的工作环境及部分功能。

本项目继续探讨 Altium Designer 主窗口介绍的文件结构。Altium Designer 的 Projects 面板有两种文件：工程文件和 Altium Designer 设计时的临时文件（自由文档）。本项目重点介绍 Altium Designer 的工程文件、原理图文件、原理图元件库文件、PCB 文件、PCB 封装库文件的创建方法。

Altium Designer 的工作区窗口包括工具栏、菜单栏、状态栏、项目导航栏、属性栏、工程面板等。其中，工具栏提供了常用的工具按钮，菜单栏提供了软件的各种功能选项，状态栏显示了当前软件的状态信息，项目导航栏可以帮助快速导航到工程中的各个文件，属性栏用于设置当前选中对象的属性，工程面板则显示了当前工程的文件列表。

在 Altium Designer 中，可以通过项目面板来管理工程文件。在创建新工程时，需要选择工程类型（如原理图、PCB 布局等），并设置工程名称、保存路径等信息。在工程面板中，可以添加、删除、重命名、移动、复制文件，还可以设置文件属性、版本控制等。另外，Altium Designer 还支持将工程文件打包成一个项目文件，方便共享和备份。

知识目标

1. 了解 Altium Designer 的窗口功能；
2. 理解 Altium Designer 的文件管理功能；
3. 掌握在工程面板中进行文件操作。

能力目标

1. 能正确使用相关窗口进行工程设计；
2. 能创建新工程、选择工程类型、设置工程名称及保存路径；
3. 能将工程文件打包成一个项目文件。

素质目标

1. 培养学生技术操作能力；
2. 培养学生逻辑思维能力和提高工作效率的能力；
3. 培养学生与团队成员有效地协同工作的能力；
4. 培养学生树立创新意识。

任务 2.1　Altium Designer 窗口介绍

本任务首先继续学习 Altium Designer 窗口功能，其次介绍 Altium Designer 环境界面，掌握 Altium Designer 工作界面的操作知识。在任务实施的过程中，由教师指导学生演示各种窗口界面的操作。

Altium Designer 成功启动后便可进入主窗口，如图 2 - 1 所示。用户可以使用该窗口进行项目文件的操作，如创建新项目、打开文件等。

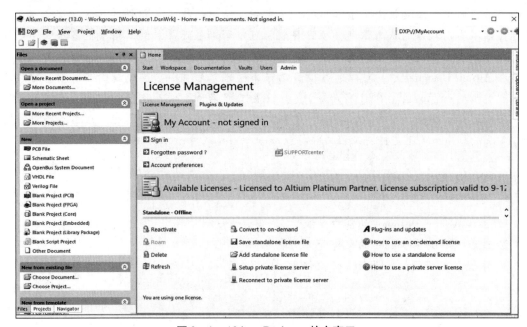

图 2 - 1　Altium Designer 的主窗口

2.1.1　菜单栏

菜单栏包括 DXP、File、View、Project、Window、Help。

1. DXP

单击 DXP 会弹出图 2 - 2 所示的 DXP 菜单，此菜单中包括各种基础用户配置命令。

（1）My Account 命令：如图 2 - 3 所示，帮助用户自定义界面，如移动、修改、删除菜单栏，创建或修改功能快捷键等。

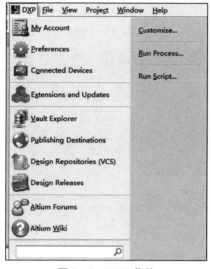

图 2 - 2　DXP 菜单

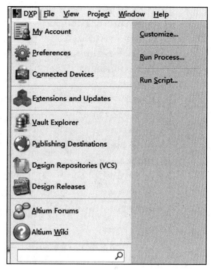

图 2 - 3　My Account 命令

（2）Preferences 命令：选择此命令弹出图 2 - 4 所示对话框，用于设置 Altium Designer 的工作状态。

（3）Connected Devices 命令：选择该命令，在主窗口右侧显示图 2 - 5 所示的 Devices 选项卡，其中显示已连接的器件。单击右上角设置按钮，弹出参数选择对话框，右侧自动显示 FPGA - Devices View（FPGA 器件视图）选项卡，如图 2 - 6 所示。

（4）Extensions and Updates 命令：用于检查软件更新，选择该命令，在主窗口右侧显示图 2 - 7 所示的 Home（首页）选项卡。

（5）Vault Explorer 命令：用于打开 Vault（保险库）对话框连接浏览器，显示数据保险库。

（6）Publishing Destinations 命令：选择该命令，弹出参数选择对话框，可以设置用于出版的目的文件参数。

（7）Design Repositories（VCS）命令：选择该命令，弹出参数选择对话框，设置对应选项卡。

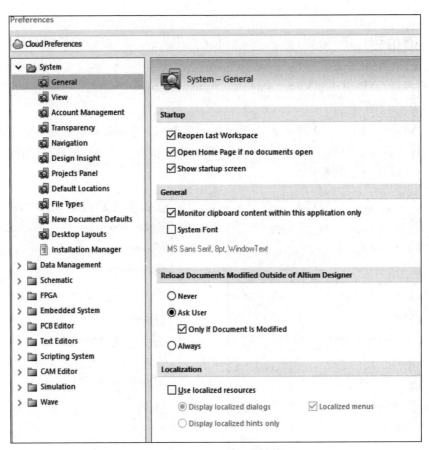

图 2 - 4　Preferences 对话框

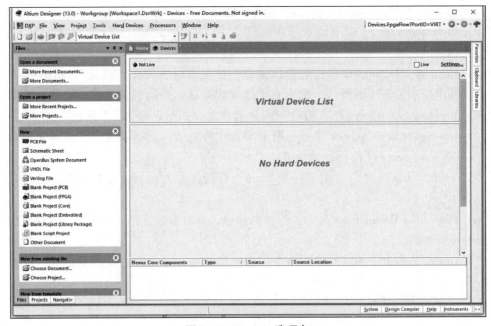

图 2 - 5　Devices 选项卡

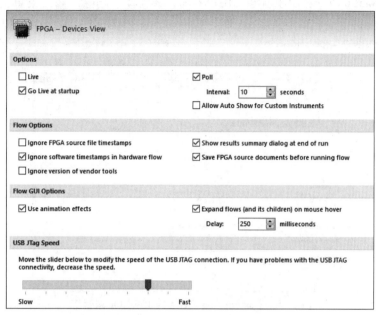

图 2 - 6　FPGA – Devices View 选项卡

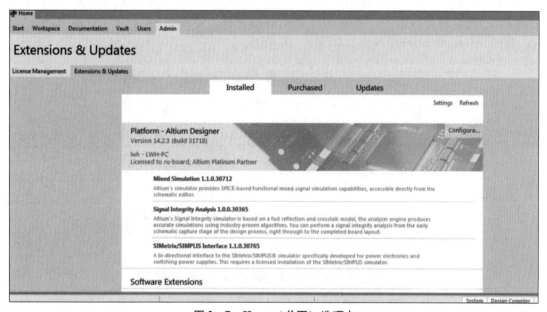

图 2 - 7　Home（首页）选项卡

（8） Design Releases 命令：选择该命令，在主窗口右侧显示 PCB Release（印制电路板发布）选项卡。

（9） Altium Forums 命令：选择该命令，在主窗口右侧显示 Altium Forums 选项卡，展示关于 Altium 的讨论内容。

（10） Altium Wiki 命令：选择该命令，在主窗口右侧显示 Altium Wiki 选项卡，展示关于 Altium 的内容。

（11） Customize 命令：用于自定义用户界面，如移动、删除、修改菜单栏或菜单命令，创建或修改快捷键等。选择该命令，弹出 Customizing PickATask Editor（定制原理图编辑器）对话框，如图2-8所示。

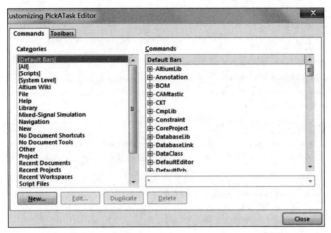

图2-8 **Customizing PickATask Editor 对话框**

（12） Run Process 命令：提供了以命令行方式启动某个进程的功能，可以启动系统提供的任何进程。选择该命令，弹出 Run Process 对话框，如图2-9所示，单击 Browser 按钮，弹出 Process Browser 对话框，如图2-10所示。

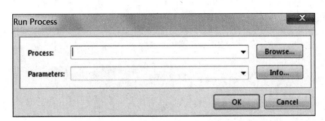

图2-9 "运行过程"对话框

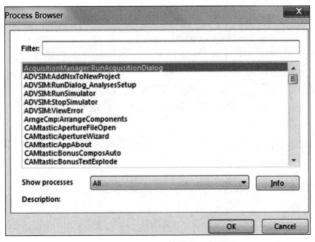

图2-10 "处理浏览"对话框

（13） Run Script 命令：用于运行各种脚本文件，如用 Delphi、VB、Java 等计算机语言编写的脚本文件。

2. File

File 菜单主要用于文件的新建、打开和保存等，如图 2 - 11 左侧所示。下面详细介绍 File 菜单中的各命令及其功能。

（1） New 命令：用于新建一个文件，其菜单如图 2 - 11 右侧所示。

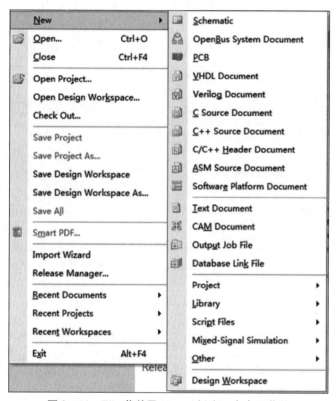

图 2 - 11　File 菜单及 New（新建）命令子菜单

（2） Open 命令：用于打开已有的 Altium Designer 可以识别的各种文件。

（3） Open Project 命令：用于打开各种工程文件。

（4） Open Design Workspace 命令：用于打开设计工作区。

（5） Check Out 命令：用于从设计储存库中选择模板。

（6） Save Project 命令：用于保存当前的工程文件。

（7） Save Project As 命令：用于另存当前的工程文件。

（8） Save Design Workspace 命令：用于保存当前的设计工作区。

（9） Save Design Workspace As 命令：用于另存当前的设计工作区。

（10） Save All 命令：用于保存所有文件。

（11） Smart PDF 命令：用于生成 PDF 格式设计文件的向导。

（12） Import Wizard 命令：用于将其他 EDA 软件的设计文档及库文件导入 Altium Designer，如 Protel99SE、CADSTAR、ORCAD、P - CAD 等设计软件生成的设计文件。

（13）Release Manager 命令：用于设置发布文件参数及发布文件。

（14）Recent Documents 命令：用于列出最近打开过的文件。

（15）Recent Projects 命令：用于列出最近打开过的工程文件。

（16）Recent Workspaces 命令：用于列出最近打开过的设计工作区。

（17）Exit 命令：用于退出 Altium Designer。

3. View

View 菜单主要用于工具栏、工作区面板、命令行及状态栏的显示和隐藏，如图 2 – 12 所示。

（1）Toolbars 命令：用于控制工具栏的显示和隐藏，其子菜单如图 2 – 12 所示。

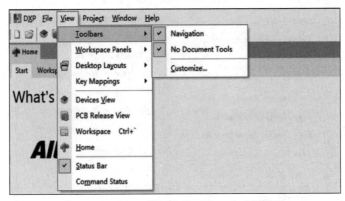

图 2 – 12　View 菜单及 Toolbars 命令子菜单

（2）Workspace Panels 命令：用于控制工作区面板的打开与关闭，其菜单如图 2 – 13 所示。

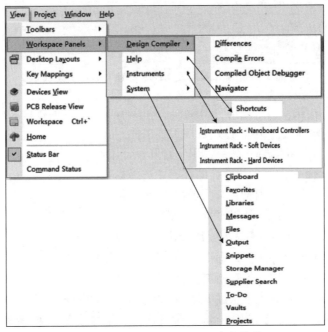

图 2 – 13　Workspace Panels 命令菜单

①Design Compiler（设计编译器）命令：用于控制设计编译器相关面板的打开与关闭，包括编译过程中的差异、编译错误信息、编译对象调试器及编译导航等面板。

②Help（帮助）命令：用于控制帮助面板的打开与关闭。

③Instruments（设备）命令：用于控制设备机架面板的打开与关闭，其中包括 Nanoboard 控制器、软件设备和硬件设备 3 个部分。

④System（系统）命令：用于控制系统工作区面板的打开和隐藏。其中 Libraries（库）、Messages（信息）、Files（文件）和 Projects（工程）工作区面板比较常用。

（3）Desktop Layouts 命令：用于控制桌面的显示布局，其菜单如图 2 - 14 所示。

①Default（默认）命令：用于设置 Altium Designer 为默认桌面布局。

②Startup（启动）命令：用于当前保存的桌面布局。

③Load layout（载入布局）命令：用于从布局配置文件中打开一个 Altium Designer 已有的桌面布局。

④Save layout（保存布局）命令：用于保存当前的桌面布局。

图 2 - 14　Desktop Layouts 命令菜单

（4）Key Mappings（映射）命令：用于快捷键与软件功能的映射，提供了两种映射方式供用户选择。

（5）Devices View 命令：用于打开器件视图窗口，如图 2 - 15 所示。

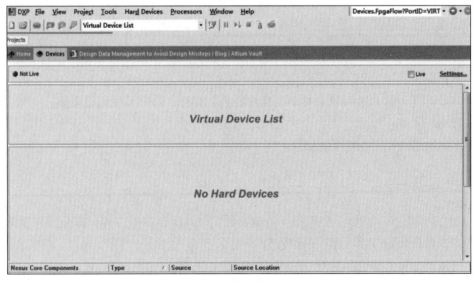

图 2 - 15　器件视图窗口

（6）PCB Release View 命令：用于发布 PCB 文件。

（7）Home 命令：用于打开首页窗口，一般与默认的窗口布局相同。

（8）Status Bar 命令：用于控制工作窗口下方状态栏上标签的显示与隐藏。

（9）Command Status 命令：用于控制命令行的显示与隐藏。

4. Project

Project 菜单主要用于工程文件的管理，包括工程文件的编译、添加、删除、差异显示和版本控制等，如图 2 – 16 所示。这里主要介绍 Show Differences 和 Version Control 两个命令。

（1）Show Differences 命令：选择该命令，将弹出图 2 – 17 所示的 Choose Documents To Compare 对话框。勾选 Advanced Mode 复选框，可以进行文件之间、文件与工程之间、工程之间的比较。

（2）Version Control 命令：选择该命令，可以查看版本信息，可以将文件添加到 Version Control 数据库中，并对数据库中的各种文件进行管理。

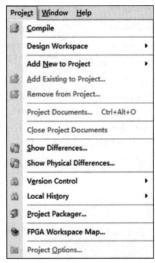

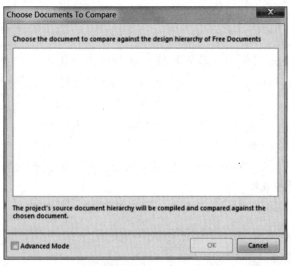

图 2 – 16　Project 菜单　　　　图 2 – 17　Choose Documents To Compare 对话框

5. Window

Window 用于对窗口进行纵向排列、横向排列、打开、隐藏及关闭等操作。

6. Help

Help 菜单用于打开各种帮助信息。

2.1.2　工具栏

工具栏中只有 5 个按钮，分别用于新建文件、打开已存在的文件、打开器件视图页面、打开 PCB 发布视图和打开工作区控制面板。

2.1.3　工作窗口

打开 Altium Designer，工作窗口中显示的是 Home 选项卡，如图 2 – 18 所示。
Home 选项卡中包含一系列快速启动图标。

（1）Manage Device and Connections（设备管理和连接）：用于对设备进行管理和连接。

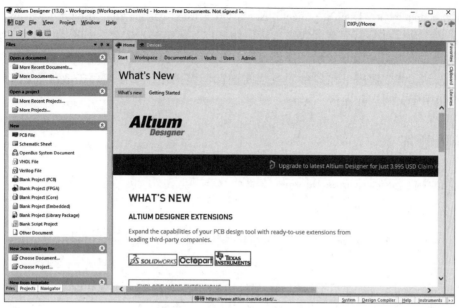

图 2 - 18　Home 选项卡

（2）Configure Altium Designer（Altium Designer 配置）：用于 DXP 配置。

（3）Printed Circuit Board Design（印制电路板设计）：用于设计 PCB。

（4）FPGA Design and Development（FPAG 设计和开发）：用于 FPGA 设计与开发。

（5）Embedded Software Development（嵌入式软件开发）：用于开发嵌入式软件。

（6）Library Management（库管理）：用于 DXP 库的管理。

（7）Script Development（脚本开发）：用于开发脚本程序。

2.1.4　工作区面板

在 Altium Designer 中，可以使用系统面板和编辑器面板两种类型面板。系统面板在任何时候都可以使用，而编辑器面板只有在相应的文件被打开时才可以使用。

使用工作区面板是为了便于设计过程中的快捷操作。Altium Designer 启动后，系统将自动激活 Files（文件）面板、Projects（工程）面板和 Navigator（导航）面板，可以单击面板底部的标签，在不同的面板之间切换。下面简单介绍 Files 面板，其余面板将在随后的原理图设计和 PCB 设计中详细讲解。展开的 Files 面板如图 2 - 19 所示。

Files 面板主要用于打开、新建各种文件和工程，

图 2 - 19　展开的 Files（文件）面板

分为 Open a document、Open a project、New、Open from existing file、New from template 5 个选项栏，单击每一部分右上角的双箭头按钮即可打开或隐藏里面的各项命令。

工作区面板有自动隐藏显示、浮动显示和锁定显示 3 种显示方式。每个面板的右上角都有 3 个按钮，▼ 按钮用于在各种面板之间进行切换操作，▣ 按钮用于改变面板的显示方式，✕ 按钮用于关闭当前面板。

◎ 任务训练

请在计算机上完成 Altium Designer 窗口的打开及关闭。

任务 2.2 Altium Designer 文件结构

Altium Designer 的文件组织结构如图 2－20 所示，主要包括原理图库（.SchLib）、原理图（.SchDoc）、PCB 库（.PcbLib）、PCB（.PcbDoc）、生产文件（Gevber 文件）等。

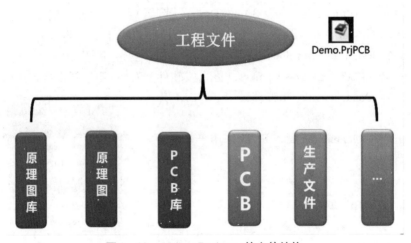

图 2－20 Altium Designer 的文件结构

Altium Designer 引入了工程（.PrjPCB 为该类文件的扩展名）的概念，其中包含一系列的单个文件，如原理图文件、原理图库文件、网络报表文件（.NET）、PCB 设计文件、PCB 库文件、报表文件（.REP）、CAM 报表文件（.Cam）等，工程文件的作用是建立与单个文件之间的连接关系，方便电路设计的组织和管理。

2.2.1 工程文件

Altium Designer 支持工程级别的文件管理。工程文件可以看作一个"文件夹"，里面可以找到设计中需要的各种文件，在该"文件夹"中可以执行一切对文件的操作。一个工程文件可以连接设计中生成的一切文件，如原理图文件、PCB 文件、网络报表文件以及其他生产报表文件等，它们一起构成一个数据库，完成整个设计。

注意：工程文件中并不包括设计中生成的文件，工程文件只起到管理的作用。如果要对整个设计工程进行复制、移动等操作时，需要对所有设计时生成的文件都进行操作。如果只复制工程将不能完成所有文件的复制，在工程中列出的文件将是空的。

2.2.2　自由文档

不在工程中新建，而直接选择 File→New 命令建立的文件称为自由文档，如图 2 – 21 所示。

注意：上面文件是自由文件，自由文件之间不能相互建立联系，如原理图文件不能生成 PCB 文件，如果要生成 PCB 文件，需要将原理图文件和 PCB 文件都移动到某个工程文件中才能操作。

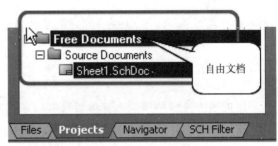

图 2 – 21　自由文档

2.2.3　文件保存

在 Altium Designer 中保存文件时，系统会单独地保存所有设计中生成的文件，同时也会保存工程文件。

（1）创建一个设计工程文件，保存该文件并命名为 My First Project。选择 File→New→Project→PCB Project 命令创建一个工程文件。

（2）选择 File→Save Project As 命令，保存工程文件。

🌀 任务训练

请在计算机上完成 Altium Designer 工程项目的建立。

任务 2.3　Altium Designer 的原理图和 PCB 设计系统

Altium Designer 作为一套电路设计软件，主要包含四个组成部分：原理图设计系统、PCB 设计系统、电路仿真系统、可编程程序设计系统。

2.3.1　新建工程文件

新建工程文件的方法有以下两种。

（1）在 Altium Designer 默认的 Files 面板中选择 New→Blank Project（PCB）（PCB 工程）命令。

（2）从 File 菜单选择 New→Project→PCB Project 命令。

2.3.2　新建原理图文件

新建原理图文件的操作步骤如下。

（1）在工程文件 PCB_Project1.PrjPCB 上右击，在弹出的快捷菜单中选择"给工程添加新的"→Schematic（原理图）命令。

（2）执行前面的菜单命令后将在 PCB_Project1.PrjPCB 工程中新建一个原理图文件，该文件被命名为 Sheet1.SchDoc，原理图设计界面也会自动打开。

2.3.3　新建原理图库文件

原理图设计时使用的是元件符号库，所谓原理图库文件是指元件库文件。

新建原理图元件库文件的步骤如下。

（1）在工程文件 PCB_Project1.PrjPCB 上右击，在弹出的快捷菜单中选择"给工程添加新的"→Schematic Library（原理图库）命令。

（2）执行前面的菜单命令后将在 PCB_Project1.PrjPCB 工程中新建一个原理图库文件，该文件被命名为 Schlib1.SchLib，原理图库设计界面也会自动打开。

2.3.4　新建 PCB 文件

建立工程文件后，可以在工程文件中新建 PCB 文件，进入 PCB 设计界面。

2.3.5　新建 PCB 库文件

PCB 设计时使用的是元件封装库。没有元件封装库元件将不会出现，那么从原理图转换为 PCB 时只会出现元件名称而没有元件的外形封装。

添加元件封装库的操作步骤如下。

（1）在工程文件 PCB_Project1.PrjPCB 上右击，在弹出的快捷菜单中选择"给工程添加新的"→PCB Library（印制板库）命令。

（2）执行前面的菜单命令后将在 PCB_Project1.PrjPCB 工程中新建一个 PCB 库文件，该文件被命名为 PCBLib1.PcbLib，并自动打开 PCB 库文件设计界面，该 PCB 库文件进入编辑状态。

◎ 任 务 训 练

请用计算机完成 Altium Designer 项目的三种文件的建立。

技能实训 2.4　练习

1. 简答题

（1）简述 Altium Designer 的文件结构。

（2）简述 Altium Designer 的单个文件的后缀名。

（3）简述 Altium Designer 的文件系统。

（4）简述 Altium Designer 的工程文件和单个文件的建立方法。

2. 上机操作

建立一个工程文件，并在工程文件中建立单个文件。

学习任务评价表

姓名			班级			学号	
课程 名称						时间	
任务 名称							

一级 指标	二级 指标	评估 标准	权重 系数	得分		
				自评	互评	师评
学习态 度及学 习习惯 （20 分）	学习 态度	1. 上课遵守纪律，专心听讲，勤操作，勤思考。 2. 不迟到，不早退，考勤状况好。 3. 不打瞌睡，不玩手机	10 分			
	学习 习惯	1. 认真、按时、独立地完成课堂任务，坚持预习、复习。 2. 上课主动举手，积极回答老师提出的问题，反馈信息。 3. 认真做笔记，课后及时完成老师安排的作业	10 分			
任务成 绩及技 能作业 （50 分）	任务 成绩	得分公式：任务训练成绩占总评成绩的 30%	30 分			
	技能 作业	认真独立地完成老师课后布置的作业，并按时上传到线上平台	20 分			
学习 能力 （30 分）	学习方法	1. 能够掌握科学的学习方法。 2. 能够运用已掌握的学习方法解决 EDA 学科中的问题。 3. 课后看视频，登录平台，参与任务讨论并发表讨论话题。 4. 课前有预习和充分准备，课后进行复习并完成作业	10 分			
	收集与 处理信 息的能力	1. 经常阅读电子线路 EDA 技术有关的课外书籍，关注本学科的前沿知识和热点问题。 2. 会通过网络寻找相关资料。 3. 会利用参考书，图书馆阅览室查阅相关资料	5 分			
	学生操 作协作 能力	1. 在学习活动中，积极参与，善于合作，能够在与别人的合作中达到学习的目的。 2. 尊重他人的劳动成果，善于动员别人与自己合作并在合作中提高自己的学习能力，加强团队协作意识和创新精神	10 分			

一级 指标	二级 指标	评估 标准	权重 系数	得分		
				自评	互评	师评
学习 能力 （30 分）	个人能力	1. 观察力。 2. 注意力。 3. 记忆力。 4. 思维能力。 5. 扩展能力	5 分			
学习 效果 （10 分）	三维目标	1. 提高学生学习的积极主动性，达到老师要求合格的教学目标。 2. 学会分析和解决问题，锻炼一定的能力。 3. 学生的情感、态度、价值观都得到相应的发展	10 分			
总分						

第二部分　进阶篇

项目 3

原理图编辑器参数设置

项目导入

在第一部分中，学习了 Altium Designer 工程项目的建立及三种文件的创立方法。

本项目将详细介绍关于原理图设计的一些基础知识，包括原理图的组成、原理图编辑器的界面、原理图绘制的一般流程、新建与保存原理图文件、原理图环境设置等。

在整个电子设计过程中，电路原理图的设计是所有工作的基础。同样，在 Altium Designer 中，只有设计出符合需要和规则的电路原理图，才能对其顺利进行仿真分析，最终变为可以用于生产的 PCB 制板文件。

知识目标

1. 了解原理图编辑器的基本操作；
2. 掌握原理图编辑器的参数设置；
3. 理解原理图的设计规范。

能力目标

1. 能独立进行原理图编辑器的参数设置；
2. 能灵活应用参数设置来满足不同的设计需求；
3. 能调整网格尺寸以便更好地布局元件。

素质目标

1. 培养学生制作电路原理图的能力；

41

2. 培养学生的逻辑思维能力；

3. 培养学生团队协同工作的能力；

4. 培养学生树立规范意识。

任务 3.1　原理图的总体设计过程

在本任务的学习过程中，首先介绍 Altium Designer 原理图设计；其次，将任务解析为 Altium Designer 电路原理图的设计步骤，储备 Altium Designer 工作界面的操作知识。在任务实施过程中，由学生演示工程项目及原理图的创建和后续操作。

本节将简要介绍原理图的总体设计过程。原理图的设计可按下面过程来完成。

（1）设置图纸大小。

（2）设置原理图的设计环境，设置好格点大小、光标类型等参数。

（3）放置元件。

（4）原理图布线。

（5）调整线路。

（6）报表输出。

（7）文件保存并打印。

◎　任务训练

请用思维导图完成 Altium Designer 原理图绘制流程。

任务 3.2　原理图的组成

在本任务的学习过程中，首先学习 Altium Designer 原理图组成；其次，将学习任务分解为 Altium Designer 电路原理图的电路符号，掌握 Altium Designer 工作界面的原理图创建操作知识。在任务实施过程中，由学生演示工程项目及原理图的元件放置。

设计原理图首先要弄清楚原理图是如何组成的。原理图是 PCB 在原理上的表现，在原理图上用符号表示了所有的 PCB 组成部分，包括以下几个方面。

（1）元件。

（2）铜箔。

（3）丝印。

（4）端口。

（5）网络标号。

（6）电源符号。

以微控制器最小系统板为例，其原理图如图 3-1 所示。具体绘制方法后面会详细讲述。

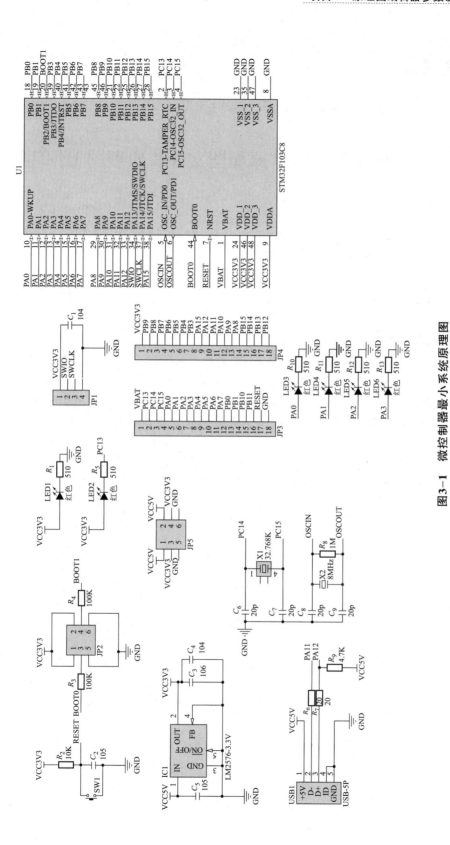

图3-1　微控制器最小系统原理图

任务训练

请用思维导图完成 Altium Designer 原理图的组成部分。

任务 3.3　Altium Designer 原理图文件及原理图工作环境简介

在本任务中，首先会学习 Altium Designer 原理图文件及环境；其次将任务解析为使用 Altium Designer 创建电路原理图，掌握 Altium Designer 原理图的操作知识。在任务实施过程中，由学生演示原理图的创建和后续操作。

3.3.1　创建原理图文件

1. 建立工程文件

在进行工程设计时，通常要先创建一个项目文件，这样有利于对文件的管理。创建项目文件有两种方法。

（1）菜单创建：选择 File→New→Project→PCB Project 命令，在弹出的菜单中列出了可以创建的各种工程类型，如图 3-2 所示，选择类型便完成工程文件的建立。

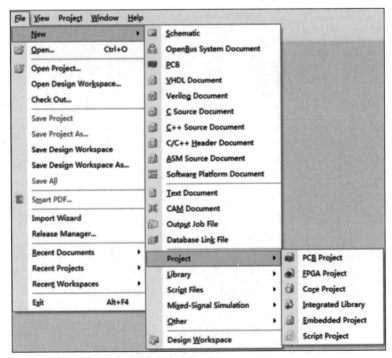

图 3-2　菜单创建工程文件

（2）Files 面板创建：打开 Files 面板，在 New 选项区域中列出了各种类型的空白工程，如图 3-3 所示，选择类型即可创建工程文件。

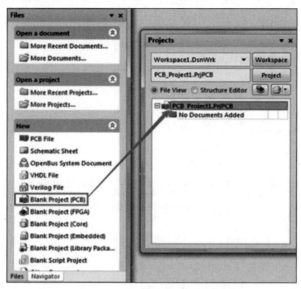

图 3-3   Files 面板创建工程文件

2. 建立原理图文件

原理图，即电路板在原理上的表现，它主要由一系列具有电气特性的符号构成。原理图上用符号表示了所有的 PCB 组成部分。PCB 各个组成部分在原理图上的对应关系具体如下。

（1）元件：在原理图设计中，元件将以元件符号的形式出现。元件符号主要由元件管脚和边框组成，其中元件管脚需要和实际的元件一一对应。

（2）铜箔：在原理图设计中，铜箔分别有如下表示。

①导线：原理图设计中导线也有自己的符号，它以线段的形式出现。在 Altium Designer 中还提供了总线用于表示一组信号，它在 PCB 上将对应一组铜箔组成的导线。

②焊盘：元件的管脚对应 PCB 上的焊盘。

③过孔：原理图上不涉及 PCB 的走线，因此没有过孔。

④敷铜（copper pour）：原理图上不涉及 PCB 的敷铜，因此没有敷铜的对应物。

（3）丝印：丝印是 PCB 板上元件的说明文字，它们在原理图上对应于元件的说明文字或属性。

（4）端口：在原理图编辑器中引入的端口不是指硬件端口，而是为了建立跨原理图电气连接而引入的具有电气特性的符号。原理图中采用了一个端口，该端口就可以和其他原理图中同名的端口建立一个跨原理图的电气连接。

（5）网络标号：网络标号和端口类似，通过网络标号也可以建立电气连接。原理图中网络标号必须附加在导线、总线或元件管脚上。

（6）电源符号：这里的电源符号只是标注原理图上的电源网络，并非实际的供电器件。

总之，绘制的原理图由各种元件组成，它们通过导线建立电气连接。在原理图上除了元件之外，还有一系列其他组成部分帮助建立起正确的电气连接，整个原理图才能够和实际的 PCB 对应起来。

原理图作为一张图，它是绘制在原理图图纸上的，在绘制过程中引入的全部是符号，没有涉及实物，因此原理图上没有任何尺寸概念。原理图最重要的用途就是为 PCB 设计提供元件信息和网络信息，并帮助用户更好地理解设计原理。

3.3.2　主菜单

原理图设计的界面包括四个部分，分别是主菜单、主工具栏、左边的工作面板和右边的工作窗口，其中主菜单如图 3 - 4 所示。

| DXP | 文件 (F) | 编辑 (E) | 察看 (V) | 工程 (C) | 放置 (P) | 设计 (D) | 工具 (T) | 仿真器 (S) | 报告 (R) | 窗口 (W) | 帮助 (H) |

图 3 - 4　原理图设计界面中的主菜单

（1）"文件"菜单：主要用于文件的新建、打开、关闭、保存与打印等操作。

（2）"编辑"菜单：用于对象的选取、复制、粘贴与查找等编辑操作。

（3）"察看"菜单：用于视图的各种管理，如工作窗口的放大与缩小，各种工具、面板、状态栏及节点的显示与隐藏等。

（4）"工程"菜单：用于与工程有关的各种操作，如工程文件的打开与关闭、工程文件的编译及比较等。

（5）"放置"菜单：用于放置原理图中的各种组成部分。

（6）"设计"菜单：用于对元件库进行操作、生成网络报表等操作。

（7）"工具"菜单：可为原理图设计提供各种工具，如元件快速定位等操作。

（8）"仿真器"菜单：可对原理图文件进行仿真分析，同时生成分析文件。

（9）"报告"菜单：可生成原理图中各种报表。

（10）"窗口"菜单：可对窗口进行各种操作。

（11）"帮助"菜单：可打开帮助信息。

3.3.3　主工具栏

在原理图设计界面中提供了齐全的工具栏，其中比较常用的工具栏包括。

（1）"原理图标准"工具栏：该栏提供了常用的文件操作、视图操作和编辑功能操作等，如图 3 - 5 所示，将鼠标指针放置在图标上会显示该图标对应的功能。

图 3 - 5　"原理图标准"工具栏

（2）"布线"工具栏：该栏中列出了建立原理图所需要的导线、总线、连接端口等工具，如图 3 - 6 所示。

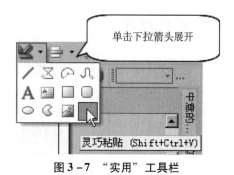

图 3-6　"布线"工具栏

（3）"实用"工具栏：该栏中列出了常用的绘图和文字工具，如图 3-7 所示。

注意："实用"工具栏用于在原理图中绘制所需要的标注信息，不代表电气连接。

图 3-7　"实用"工具栏

3.3.4　工作面板

在原理图设计中经常要用到的工作面板有以下三个。

1. Projects 面板

Projects 面板如图 3-8 所示，其中列出了当前打开工程的文件列表及所有的临时文件，提供了所有关于工程的操作功能，如打开、关闭和新建各种文件，以及在工程中导入文件、比较工程中的文件等。

2. Libraries 面板

Libraries 面板如图 3-9 所示。这是一个浮动面板，当光标移动到其标签上时，就会显示该面板，也可以通过单击标签在几个浮动面板间进行切换。在该面板中可以浏览当前加载的所有元件库，也可以在原理图上放置元件，还可以对元件的封装、3D 模型、仿真电路模拟器（Simulation Program With Integrated Circuit Emphasis，SPICE）模型和信号完整性（Signal Integrity，SI）模型进行预览，同时还能够查看元件供应商、单价、生产厂商等信息。

图 3-8　Projects 面板

图 3-9　Libraries 面板

3. Navigator 面板

Navigator 面板能够在分析和编译原理图后提供关于原理图的所有信息，通常用于检查原理图。

任务训练

请用 Altium Designer 创建原理图并操作库文件。

任务 3.4　原理图绘制流程

在本任务的学习过程中，首先学习 Altium Designer 原理图绘制流程；其次，完善 Altium Designer 电路原理图的设计步骤的介绍，掌握 Altium Designer 原理图的操作知识。在任务实施过程中，由学生演示工程项目及原理图的创建和后续操作。

原理图设计是电路设计的第一步，是制版、仿真等后续步骤的基础。因此，一幅原理图正确与否，直接关系到整个设计的成功与失败。另外，为方便自己和他人读图，原理图的美观、清晰和规范也是十分重要的。Altium Designer 的原理图设计大致可分 9 个步骤，需要按照一定的流程进行绘制。具体流程如下。

（1）在工程文件中新建原理图文件。
（2）设置原理图图纸及相关信息。
（3）装载所需要的元件符号库。
（4）放置元件符号。
（5）调整原理图中的元件布局。
（6）对原理图进行连线。
（7）检查原理图错误并修改。
（8）注释原理图。
（9）保存并打印输出。

任务训练

请使用思维导图绘制出原理图设计流程图，并加深理解。

任务 3.5　原理图图纸的设置

在本任务的学习中，首先学习 Altium Designer 原理图图纸设置；其次，将任务分解为使用 Altium Designer 编辑电路原理图，掌握 Altium Designer 原理图的操作知识。在任务实施过程中，以学生作为主体演示原理图的环境设置及操作。

3.5.1　默认的原理图窗口

新建立一个原理图文件后，已经出现了一个默认的原理图编辑窗口，如图 3 – 10 所示。

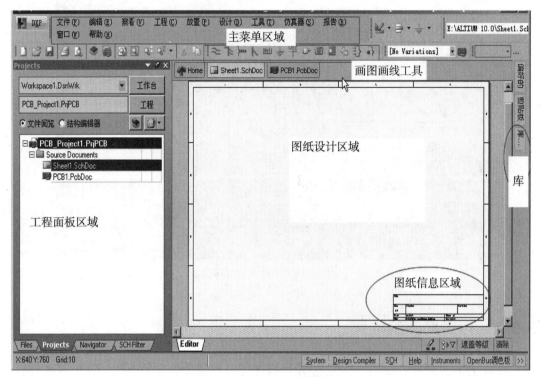

图 3 – 10　新建原理图的默认窗口

3.5.2　默认图纸的设置

图 3 – 10 是新建立一个原理图后的默认环境，可以更改原理图的图纸大小，也可以修改右下角默认的图纸信息区域。

方法一：原理图区域中右击，在弹出的快捷菜单中选择"选项"→"文档选项"命令，可以启动原理图设置的窗口。

方法二：选择主菜单"设计"→"文档选项"命令，同样可以启动原理图的图纸设置。

两种方法都可以启动原理图的图纸设置对话框，如图 3 – 11 所示，在该对话框中可以设置图纸的各项参数。

在该对话框中包含"模板""选项""栅格（格点）""电栅格（电气格点）""标准风格（标准样式）"和"自定义风格（自定义样式）"6 个选项区域以及"更改系统字体"按钮。

在"选项"选项区域中，可以设置图纸的方位、边界颜色、方块电路颜色等内容。

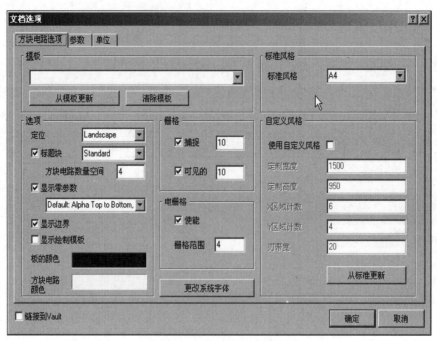

图 3 – 11　图纸设置对话框

3.5.3　自定义图纸格式

除了可以直接使用标准图纸之外，设计者还可以使用自定义的图纸。设置图纸参数的具体操作如下。

（1）图纸参数设置。

（2）在对话框中拖动右侧的滚动条，可以发现有很多设置选项。在图纸中显示设计信息。

任务训练

请用 Altium Designer 创建 A3 大小的原理图，纵向放置，原理图图纸原色为淡黄色。要求去掉标题栏、关闭显示栅格、使能捕捉栅格和电气栅格、使能自动连接点放置。

任务 3.6　图纸的设计信息模板的制作和调用

在本任务中，首先要学习 Altium Designer 原理图图纸制作和编辑；其次，将任务分解为使用 Altium Designer 模板应用于电路原理图，掌握 Altium Designer 原理图的操作知识。在任务实施过程中，由学生演示原理图的环境设置及操作。

Altium Designer 提供了大量的原理图图纸模板供用户调用，这些模板存放在 Altium

Designer 安装目录下的 Templates 子目录里，用户可根据实际情况调用。但是针对特定的用户，这些通用的模板常常无法满足图纸需求，Altium Designer 提供了自定义模板的功能，本节将介绍原理图图纸信息区域模板的创建和调用方式。

3.6.1　创建原理图模板

本节将通过创建一个纸型为 A4 的文档模板实例，介绍如何自定义原理图图纸模板，以及如何调用原理图图纸参数。

（1）选择"文件"→"新建"→"原理图"命令，建立一个空白原理图文件。

（2）单击工具栏中的"实用工具"按钮，在弹出的工具面板中选择绘制直线工具按钮"/"，按 Tab 键，打开直线属性对话框，然后设置直线的颜色为黑色。

（3）在图纸的右下角绘制标题栏边框。将"标题"两个字放好。再次按 Tab 键，打开属性对话框，设置字体并添加其他的文字。

（4）选择"工具"→"设置原理图参数"命令，在弹出的对话框左边的树形列表中选择 Schematic→Graphical Editing 项，在选项页中勾选"转化特殊字符"复选框，然后单击"确定"按钮。输入参数值，单击"确定"按钮。选中 = Title，并单击"确定"按钮。

（5）重复选择所需的变量，结果如图 3 – 12 所示。

Title　STM32F103微控制器最小系统开发板			陕西国防工业职业技术学院 西安市鄠邑区人民路8号 www.gfxy.com	
Size: A4	Number: NO.2	Revision: 张鹏		
Date: 2024.02.13	Time: 18:19	Sheet 1 of 2		
File: STM32核心板PCB设计				

图 3 – 12　原理图模板绘制效果

3.6.2　原理图图纸模板文件的调用

本节介绍模板文件的调用方法。

（1）在主菜单中选择"文件"→"新建"→"原理图"命令，新建一个空白原理图文件。

（2）在主菜单中选择"设计"→"移除当前模板"命令。

（3）选中 Just this document（仅该文档）单选按钮，单击 OK 按钮，用户确认移除原理图图纸模板的操作。

（4）单击 Information 消息框中的 OK 按钮，确认操作。

（5）选择"设计"→"通用模板"→Choose Another File 命令，选择创建的原理图图纸模板文件 B5_Template. SchDot，单击"打开"按钮，打开"更新模板"对话框。

选中"仅该文档"和"仅添加模板中存在的新参数"单选按钮，单击"确定"按钮即可调出原理图图纸模板。

（6）调用的原理图图纸模板与之前建立的标题栏的格式完全相同。

任务训练

请使用原理图模板绘制图 3 – 12，其中 Revision 使用自己的名字，并将自己的照片贴在右侧。

任务 3.7　原理图视图操作

在本任务的学习过程中，首先操作 Altium Designer 原理图图纸视图；其次，使用 Altium Designer 模板应用于电路原理图，掌握 Altium Designer 原理图的操作知识。在任务实施过程中，由学生演示原理图的环境设置及操作。

3.3.2 节介绍过原理图设计系统中的"察看"菜单，通过该菜单可以很方便地对原理图进行视图操作，主要包括以下几项内容。

（1）工作窗口中内容的缩放。

（2）工作窗口的刷新。

（3）工具栏和工作面板的打开/关闭。

（4）状态信息显示栏的打开/关闭。

（5）图纸的格点设置。

（6）工作区面板设置。

（7）桌面布局设置。

各项操作中最常用的是对工作窗口中内容的缩放。通过选择"察看"菜单中的命令，可以实现功能不同的工作窗口操作，后面会通过具体实例讲解。

任务训练

请将 Altium Designer 原理图中 Grid 设置成 50 mil①。

任务 3.8　对象编辑操作

在本任务的学习中，首先由学生自行学习 Altium Designer 对象编辑和操作；其次教师使用鼠标及键盘演示操作使学生理解 Altium Designer 原理图的图元的概念。在任务实施过程中，由学生演示原理图的元件放置及相关运行方式。

元件的编辑操作可以分为以下几类。

（1）对象的选择。

（2）对象的移动和对齐，该类操作主要是为了让原理图更加美观。

---

①　mil：中文译音"密耳"，即千分之一英寸，等于 0.025 4 mm。

（3）对象的删除、复制、剪切和粘贴。

（4）操作的撤销和恢复。

（5）相似对象的搜索。

原理图中的编辑操作都可以通过"编辑"菜单执行。

任务 3.9   原理图的注释

在本任务的学习中，首先学习 Altium Designer 注释原理图；其次，介绍使用 Altium Designer 电气连接的方式，进一步理解 Altium Designer 原理图的图元的概念。在任务实施过程中，由教师指导学生演示原理图的元件注释及相关运行方式。

3.9.1   注释工具介绍

原理图的注释大部分是通过"实用"工具栏执行的，该工具栏如图 3 – 13 所示。各个按钮的意义如下。

（1） 按钮：绘制直线。

（2） 按钮：绘制不规则多边形。

（3） 按钮：绘制椭圆曲线。

（4） 按钮：绘制贝塞尔曲线。

（5） 按钮：放置单行文字。

图 3 –13   "实用"工具栏

（6） 按钮：放置区块文字。

（7） 按钮：放置矩形。

（8） 按钮：放置圆角矩形。

（9） 按钮：放置椭圆。

（10） 按钮：放置扇形。

（11） 按钮：在原理图上粘贴图片。

（12） 按钮：灵巧粘贴。

3.9.2   绘制直线和曲线

（1）绘制直线。

单击画图工具栏上的 按钮即可开始绘制直线。

（2）绘制曲线。

Altium Designer 中提供了椭圆和贝塞尔两种曲线的绘制按钮。

总而言之，在原理图中绘制各种直线、曲线的步骤比较类似，绘制出来的线条只是一种图形，没有任何的电气特性，只有注释作用。

3.9.3　绘制不规则多边形

单击"实用"工具栏上的 按钮，即可开始绘制不规则多边形。图 3 – 14 所示为绘制一个三角形。

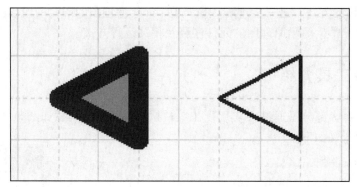

图 3 – 14　绘制三角形

注意：在元件制作部分，会讲解如何通过 按钮，绘制一个箭头形状的引脚。

3.9.4　放置单行文字和区块文字

在原理图上最重要的注释方式就是文字说明，在 Altium Designer 中提供单行文字注释和区块文字注释两种注释方式。

3.9.5　放置规则图形

在 Altium Designer 中可以方便地放置矩形、圆角矩形、椭圆和扇形四种规则图形，它们的操作类似。

3.9.6　放置图片

有时为了让原理图更加美观，需要在原理图上粘贴一些图片，如公司标志等。这些可以通过放置图片的按钮来实现。

3.9.7   灵巧粘贴

放置元件可以采用阵列式粘贴，在原理图注释时也提供阵列式粘贴。在完成对某个对象的复制或者剪切后，单击画图工具栏中的 ▨ 按钮，即可开始阵列式粘贴的操作。具体的操作步骤和元件阵列式粘贴类似，这里不再赘述。

3.9.8   图件的层次转换

在绘制原理图时可能会显示图件重叠的情况，上层的图件将覆盖住下层图件，这时可能需要对图件的层次进行设置。图件层次设置的操作在"编辑"→"移动"菜单中可以找到。

3.9.9   原理图的打印

在完成原理图绘制后，除了在计算机中进行必要的文档保存之外，还需要打印原理图以便设计者进行检查、校对、参考和存档。

任务训练

1. 剪切命令的快捷键是（   　）。
A. Ctrl + X   B. Shift + Delete   C. Shift + Insert   D. PageDown
2. 让不同的节点连接在一起的标志符号是（   　）。
A. Bus   B. Part   C. Port   D. Net Label
3. 常用的二极管的英文代号是（   　）。
A. U   B. D   C. Q   D. R
4. 由电路原理图生成网表文件，网表文件对应的英文为（   　）。
A. Sch   B. Netlist   C. Cross reference   D. Polygon
5. 项目编译操作，对应的英文操作名称为（   　）。
A. Compile project   B. Print Setup   C. ERC   D. Elliptical
6. 原理图设计时，实现连接导线应选择（   　）命令。
A. Place/Drawing Tools/Line   B. Place/Wire
C. Wire   D. Line
7. 进行原理图设计，必须启动（   　）编辑器。
A. PCB   B. Schematic
C. Schematic Library   D. PCB Library
8. 常用的集成块的英文代号是（   　）。
A. U   B. C   C. Q   D. R

9. Altium Designer 原理图文件的格式为（　　　）。

A．. SchLib   B．. SchDoc   C．. Sch   D．. Sdf

技能实训 3.10　练习

1. 简答题

（1）Altium Designer 原理图绘制的主菜单有哪些？

（2）Altium Designer 原理图绘制的主工具栏有哪些？

（3）如何对原理图中的元件进行对齐操作？

（4）简述原理图绘制的流程。

2. 上机实训

（1）建立项目设计文件。

在指定的 D 盘下，新建一个以学号后八位取名的学生文件夹。在上述所建的学生文件夹中建立一个以学生姓名的拼音首位字母命名的 PCB 项目，如"张天光"，命名为 ZTG. PrjPCB。

（2）建立原理图文件。

在上一题中所建立的项目设计文件（×××. PrjPCB）的 Documents 内新建一个原理图文件，取名为 JDQ. SchDoc。并进行如下设置：

①图纸大小为 A4，捕捉栅格为 5 mil，可视栅格为 10 mil；

②系统字体为 Times New Roman，字形为常规，字号为 12；

③用"特殊字符串"设置标题为"继电器电原理图"，字体为宋体，字号为 14；

④用"特殊字符串"设置制图者为学生姓名（汉字），字体为宋体，字号为 10。

学习任务评价表

姓名			班级			学号	
课程名称						时间	
任务名称							

一级指标	二级指标	评估标准	权重系数	得分		
				自评	互评	师评
学习态度及学习习惯（20分）	学习态度	1. 上课遵守纪律，专心听讲，勤操作，勤思考。 2. 不迟到，不早退，考勤状况好。 3. 不打瞌睡，不玩手机	10分			
	学习习惯	1. 认真、按时、独立地完成课堂任务，坚持预习、复习。 2. 上课主动举手，积极回答老师提出的问题，反馈信息。 3. 认真做笔记，课后及时完成老师安排的作业	10分			
任务成绩及技能作业（50分）	任务成绩	得分公式：任务训练成绩占总评成绩的30%	30分			
	技能作业	认真独立地完成老师课后布置的作业，并按时上传到线上平台	20分			
学习能力（30分）	学习方法	1. 能够掌握科学的学习方法。 2. 能够运用已掌握的学习方法解决EDA学科中的问题。 3. 课后看视频，登录平台，参与任务讨论并发表讨论话题。 4. 课前有预习和充分准备，课后进行复习并完成作业	10分			
	收集与处理信息的能力	1. 经常阅读电子线路EDA技术有关的课外书籍，关注本学科的前沿知识和热点问题。 2. 会通过网络寻找相关资料。 3. 会利用参考书，图书馆阅览室查阅相关资料	5分			
	学生操作协作能力	1. 在学习活动中，积极参与，善于合作，能够在与别人的合作中达到学习的目的。 2. 尊重他人的劳动成果，善于动员别人与自己合作并在合作中提高自己的学习能力，加强团队协作意识和创新精神	10分			

一级指标	二级指标	评估标准	权重系数	得分		
				自评	互评	师评
学习能力（30分）	个人能力	1. 观察力。 2. 注意力。 3. 记忆力。 4. 思维能力。 5. 扩展能力	5分			
学习效果（10分）	三维目标	1. 提高学生学习的积极主动性，达到老师要求合格的教学目标。 2. 学会分析和解决问题，锻炼一定的能力。 3. 学生的情感、态度、价值观都得到相应的发展	10分			
总分						

项目 4

原理图的电路绘制

项目导入

在项目 3 基础内容讲解中，学习了 Altium Designer 的使用方法和环境设置。下面学习原理图的电路绘制。电路原理图是指用电路元件符号表示电路连接的图，是人们为研究、工程规划的需要，用物理电学标准化的符号绘制的一种表示各元器件组成及器件关系的原理布局图。由电路图可以得知组件间的工作原理，为分析性能、安装电子和电器产品提供规划方案。在设计电路中，工程师可从容地在计算机上进行，确认完善后再进行实际安装。通过调试改进、修复错误直至成功。

Altium Designer 可以在图纸上放置好所需要的各种元件并且对它们的属性进行相应的编辑，根据电路设计的具体要求，就可以着手将各个元件连接起来，以建立电路的实际连通性。这里所说的连接，指的是具有电气意义的连接，即电气连接。电气连接有两种实现方式：

（1）直接使用导线将各个元件连接起来，称为"物理连接"；

（2）不需要实际的相连操作，而是通过设置网络标签使得元器件之间具有电气连接关系，称为"逻辑连接"。

知识目标

1. 了解电路原理图在电路板制作中的作用；
2. 掌握原理图电路设计与绘制方法；
3. 掌握电路原理图电气规则检查方法。

能力目标

1. 能对电路原理图元件进行基本的放置与编辑；
2. 能对简单的电路原理图进行导线连接；

3. 能初步理解电路原理图电气规则检查。

素质目标

1. 培养学生建立标准意识；
2. 提高学生分析、解决问题的能力；
3. 培养学生树立正确的价值观和职业态度；
4. 增强学生人际沟通能力与团队协作精神。

任务 4.1　元件的放置

在本任务的学习中，首先介绍将电路图中的元件放置在电路原理图中；其次，将任务分解为从元件库中操作，包括引用及搜索，学习电路原理图界面操作。在任务实施过程中，掌握元件的放置与编辑。

原理图中有两个基本要素：元件符号和电路连接。绘制原理图的主要过程就是将元件符号放置在原理图图纸上，然后用导线或总线方式将元件符号中的引脚连接起来，建立正确的电气连接属性。放置元件符号前，必须知道元件符号在哪一个元件库中，并需要载入该元件库。

4.1.1　元件库的引用

1. 启动元件库

在 Altium Designer 中支持单独的元件库或元件封装库，也支持集成元件库。它们的扩展名分别为：. SchLib、. IntLib，如图 4 - 1 所示。

启动元件库的方法如下。

（1）选择"设计"→"浏览库"命令。

（2）弹出"库"面板。

（3）在"库"面板中选择一个元件，如 ADC - 8，将会在库面板中显示这个元件的元件符号、封装、SPICE 模型、SI 模型，如图 4 - 2 所示。

2. 加载元件库

启动元件库面板后，可以方便地加载元件库。加载元件库的方法如下。

（1）单击图 4 - 2 所示的"库"面板中的"库"按钮。

图 4 - 1　原理图元件库

（2）弹出"可用库"对话框，其中列出了已经加载的元件库文件。

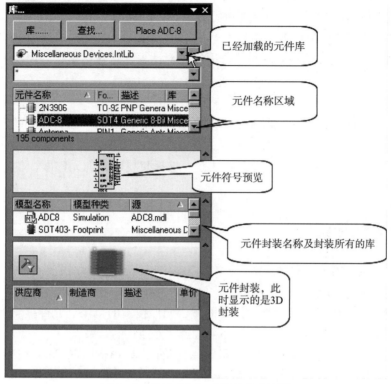

图 4 - 2 选择 ADC - 8 的元件库面板

（3）单击"添加库"按钮，弹出选择库文件对话框，如图 4 - 3 所示，可以在该对话

图 4 - 3 选择库文件对话框

框中选择需要加载的元件库，单击"打开"按钮即可加载选中的元件库。然后根据设计项目需要决定安装哪些库。元器件库在列表中的位置影响了元器件的搜索速度，通常是将常用元器件库放在较高位置，以便对其先进行搜索。可以利用"上移"和"下移"两个按钮来调节元器件库在列表中的位置。

（4）选择加载库文件后将会回到"可用库"对话框，该对话框将列出所有可用的库文件列表。

3. 卸载库文件

由于加载到"库"面板的元器件库要占用系统内存，因此当用户加载的元器件库过多时，就会占用过多的系统内存，影响程序的运行。建议用户只加载当前需要的元器件库，同时将不需要的元器件库卸载掉。卸载方法是：选择想要删除的元件库，单击"删除"按钮即可。

4.1.2　元件的搜索

搜索元件可以采用下述方法。

（1）在图 4 - 2 所示的"库"面板中，单击"查找"按钮，将弹出"搜索库"对话框。

（2）在该对话框中可以设置查找元件的域、元件搜索的范围、元件搜索的路径、元件搜索的标准及值，然后单击 Search 按钮即可得到元件搜索的结果。

元件搜索举例：要搜索 XTAL，可在图 4 - 4 所示窗口中输入 XTAL，按照如图 4 - 4 所示进行设置，在搜索区域选择好路径后单击 Search 按钮。元件搜索结果对话框如图 4 - 5 所示。

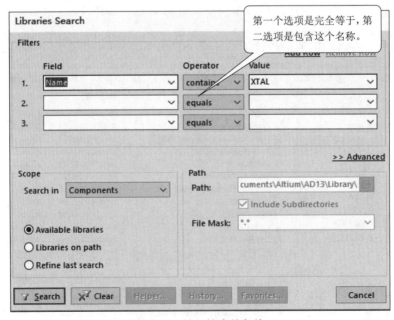

图 4 - 4　输入搜索的条件

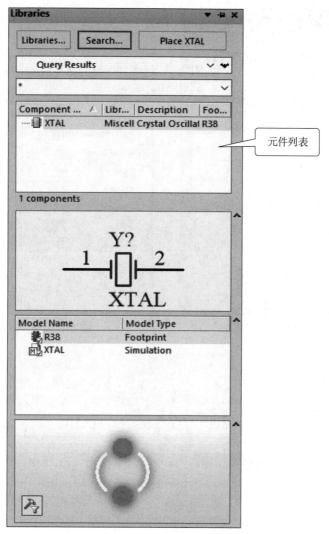

图4-5　元件搜索结果

4.1.3　元件的放置

在 Altium Designer 中有两种方法放置元件，分别是通过库面板放置和菜单放置。下面以放置一个 XTAL 为例，介绍这两种放置方法。

1. 通过元件库面板放置

通过元件库面板放置元件如图4-6所示。

2. 通过菜单放置

选择"放置"→"器件"命令，如图4-7所示。

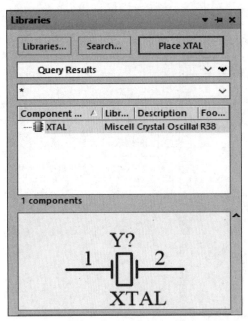

图 4-6　元件库面板放置元件

图 4-7　菜单放置元件

4.1.4　元件属性设置

元件属性设置包含以下 5 个方面的内容。

（1）元件的基本属性设置。

（2）元件在图纸上的外观属性设置。

（3）元件的扩展属性设置。

（4）元件的模型设置。

（5）元件管脚的编辑。

设置元件的属性需要在原理图图纸中双击想要编辑的元件，系统会弹出图 4-8 所示的 Properties for Schematic Component in Sheet（原理图元件属性）对话框，另外，还可以在放置元件的过程中按 Tab 键，也会弹出该对话框。

4.1.5　元件属性的设置

在原理图上每个元件都有自己的说明文字，包括元件的标号、说明及取值，它们都是元件的属性，可以在元件属性中设置。同时也可以直接在原理图上设置。双击要编辑的元器件，打开 Properties for Schematic Component in Sheet 对话框，图 4-9 所示是 XTAL 的属性编辑对话框，下面介绍该对话框的具体设置方法。

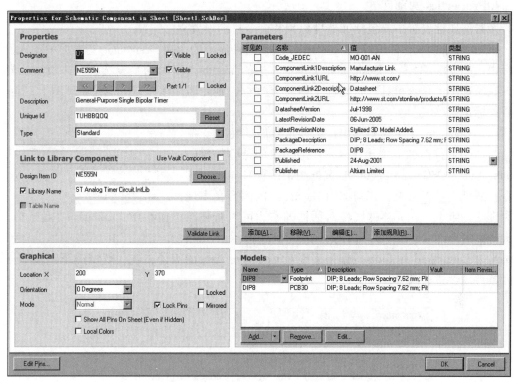

图 4 - 8　**Properties for Schematic Component in Sheet** 对话框

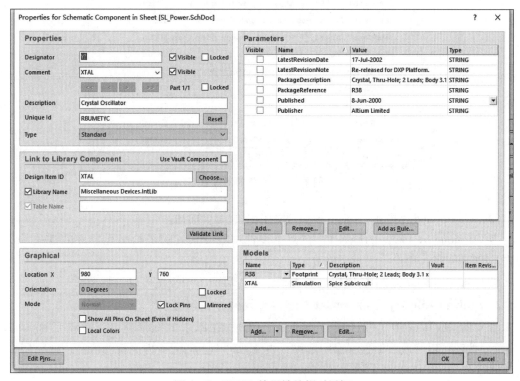

图 4 - 9　**XTAL** 的属性编辑对话框

1. Properties 选项区域

元器件属性设置主要包括元器件标识和命令栏的设置等。

（1）Designator（标识符）：是用来设置元器件序号的。在 Designator 文本框中输入元器件标识，如 U1、R1 等。Designator 文本框右边的 Visible（可见的）复选框用来设置元器件标识在原理图上是否可见，若勾选 Visible 复选框，则元器件标识会出现在原理图上，否则，元器件标识被隐藏。

（2）Comment（注释）：用来说明元器件的特征。单击命令栏的下拉按钮，弹出图 4 – 10 所示的下拉列表框。Comment 命令栏右边的 Visible 复选框用来设置 Comment 的命令在图纸上是否可见，若勾选则 Comment 的内容会出现在原理图图纸上。在元器件属性对话框的右边可以看到与 Comment 命令栏的对应关系，如图 4 – 11 所示。Add、

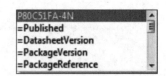

图 4 – 10　Comment 下拉列表框

Remove、Edit、Add as Rule 按钮是实现对 Comment 参数的编译，在一般情况下，没有必要对元器件属性进行编译。

Visible	Name	Value	Type
☐	Code_JEDEC	MO-015	STRING
☐	ComponentLink1Descripti	Manufacturer Link	STRING
☐	ComponentLink1URL	http://www-us2.semiconductors.pl	STRING
☐	ComponentLink2Descripti	Datasheet	STRING
☐	ComponentLink2URL	http://www.semiconductors.philip:	STRING
☐	ComponentLink3Descripti	Discontinuation Notice	STRING
☐	ComponentLink3URL	http://www.semiconductors.philip:	STRING
☐	DatasheetVersion	7-Aug-2000	STRING
☐	PackageDescription	DIP, Plastic; 40 Leads; Row Spacing	STRING
☐	PackageReference	SOT129-1	STRING
☐	PackageVersion	Aug-2000	STRING
☐	Published	21-May-2003	STRING
☐	Publisher	Altium Limited	STRING

Add...　Remove...　Edit...　Add as Rule...

图 4 – 11　元件参数设置

（3）Description（描述）：对元器件功能作用的简单描述。

（4）Unique Id（唯一的地址）：在整个设计项目中系统随机给某元器件的唯一 Id 号，用来与 PCB 同步，用户一般不要修改。

（5）Type（类型）：元器件符号的类型，单击后面下拉按钮可以进行选择。

2. Link to Library Component（连接库元件）选项区域

（1）Design Item ID（设计项目地址）：元器件在库中的图形符号。单击后面 Choose（选择）按钮可以修改，但这样会引起整个电路原理图上的元器件属性的混乱，建议用户不要随意修改。

（2）Library Name（库名称）：元器件所在元器件库名称。

3. Graphical（图形的）选项区域

（1）Location（地址）：主要设置元器件在原理图中的坐标位置，一般不需要设置，通过移动鼠标找到合适的位置即可。

（2）Orientation（方向）：主要设置元器件的翻转，改变元器件的方向。

（3）Mirrored（镜像）设置：勾选该复选框，元器件翻转180°。

（4）Show All Pins On Sheet（Even if Hidden）：勾选该复选框显示图纸上的全部引脚（包括隐藏的）。TTL 器件一般隐藏了元器件的电源和地的引脚。

（5）Local Colors（局部颜色）：勾选该复选框后，采用元器件本身的颜色设置。

（6）Locked（锁定引脚）：勾选该复选框后元器件的管脚不可以单独移动和编辑。建议选择此项，以避免不必要的误操作。

一般情况下，对元器件属性设置只需设置 Designator 和 Comment 参数，其他采用默认设置即可。

4.1.6　元件删除

当在电路原理图上放置了错误的元器件时，就要将其删除。在原理图上可以一次删除一个元器件，也可以一次删除多个元器件。这里以删除前面的 XTAL 为例，具体步骤如下。

（1）选择"编辑"→"删除"命令，光标会变成十字形。将十字形光标移到要删除的 XTAL 上，如图 4－12 所示。单击 XTAL 即可将其从电路原理图上删除。

（2）此时，光标仍处于十字形状态，可以继续单击删除其他元器件。若不需要删除元器件，右击或按 Esc 键即可退出删除元器件命令状态。

（3）也可以单击选取要删除的元器件，然后按 Delete 键将其删除。

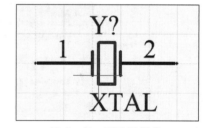

图 4－12　删除元器件

（4）若需要一次性删除多个元器件，可以单击框选矩形全选要删除的多个元器件，选择"编辑"→"删除"命令或按 Delete 键，即可以将选取的多个元器件删除。

任务训练

在电路原理图编辑器中放置三极管与蜂鸣器电路，如图 4－13 所示。

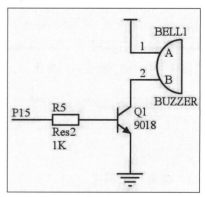

图 4－13　三极管与蜂鸣器电路

任务 4.2　电路绘制

在本任务的学习中，首先介绍在电路图中具体绘制电路原理图；其次，学习导线绘制、节点放置、电源及地的处理、网络编号的放置、总线的绘制；最后，巩固电路原理图元件的放置及编辑。

对于单张电路图，绘制的主要内容有以下几个方面。

（1）导线/总线绘制。

（2）添加电源/接地。

（3）设置网络标号。

（4）放置输入/输出端口。

4.2.1　电路绘制工具

Altium Designer 提供了很方便的电路绘制操作方法。所有的电路绘制功能在图 4 – 14 所示的菜单中都可以找到。

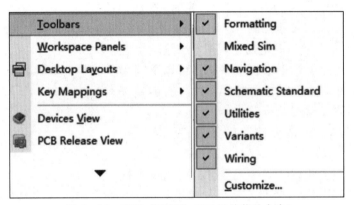

图 4 – 14　启动"布线"工具栏的菜单命令

Altium Designer 还提供了两个常用的工具栏："布线"工具栏和"实用"工具栏。

1. "布线"工具栏

"布线"工具栏如图 4 – 15 所示。该工具栏提供导线绘制、端口放置等操作。

图 4 – 15　"布线"工具栏

2. "实用"工具栏

"实用"工具栏如图 4 – 16 所示。该工具栏提供了各种电源符号。

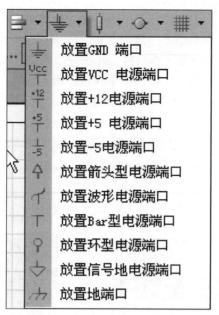

图 4 – 16　"实用"工具栏

4.2.2　导线的绘制

导线的绘制可以从三个方面来理解，即导线的绘制、导线属性的设置、导线的操作。

1. 进入绘制导线状态

导线是电气连接中最基本的组成单位，单张原理图上的任何电气连接都是通过导线建立起来的。绘制导线主要有 4 种方法。

（1）单击布线工具栏中的"放置线"按钮进入绘制导线状态。

（2）选择"放置"→"线"命令，进入绘制导线状态。

（3）在原理图图纸空白区域右击，在弹出的快捷菜单中选择"放置"→"线"命令。

（4）按 P + W 组合键。

2. 绘制导线步骤

进入绘制导线状态后，光标变成十字形，系统处于绘制导线状态。绘制导线的具体步骤如下。

（1）将光标移到要绘制导线的起点，若导线的起点是元器件的引脚，当光标靠近它时，会自动移动到元器件的引脚上，同时出现一个红 × 表示电气连接的意思，单击确定导线起点。

（2）移动光标到导线折点或终点，在导线折点处或终点处单击确定导线的位置，每转折一次都要单击一次。导线转折时，可以通过按 Shift + 空格键来切换选择导线转折的模式（在输入法中要先去除 Shift + 空格键功能，即切换到英文状态），共有 3 种模式，分别是直角、45°角和任意角。

（3）绘制完第 1 条导线后，右击退出，此时系统仍处于绘制导线状态，将光标移动到新的导线起点，按照上面的方法继续绘制其他导线。

（4）绘制完所有的导线后，右击两次退出绘制导线状态，光标由十字形变成箭头。

导线属性设置在绘制导线状态下，按 Tab 键，弹出"线"属性对话框，如图 4 - 17 所示。或者在绘制导线完成后，双击导线同样会弹出导线属性对话框。

导线的宽度设置是通过"线宽"右边的下拉按钮来实现的。有 4 种选择：Smallest（最细）、Small（细）、Medium（中等）、Large（粗）。一般不需要设置导线属性，采用默认设置即可。

在导线属性对话框中，主要对导线的颜色进行设置。单击"Color（颜色）"右边的颜色框，弹出导线颜色选择对话框，如图 4 - 18 所示。选中合适的颜色作为导线的颜色即可。

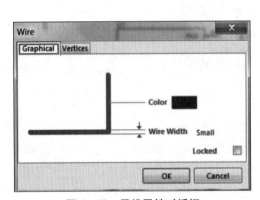

图 4 - 17　导线属性对话框

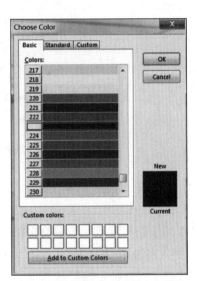

图 4 - 18　导线颜色选择对话框

注意：导线的起始点一定要设置到元件的管脚上，否则绘制的导线将不能建立起电气连接。当移动鼠标到元件的管脚上时，会有一个元件引脚与导线相连接的红叉标记，说明已经具有的电气连接。

注意：导线将两个管脚连接起来后，则这两个管脚具有电气连接，任意一个建立起来的电气连接将被称为一个网络，每一个网络都有自己唯一的名称。

4.2.3　设置电路节点

设置电路节点包括放置电路节点和编辑电路节点属性两个步骤。

1. 放置电路节点

电路节点的作用是确定两条交叉的导线是否有电气连接。如果导线交叉处有电路节点，说明两条导线在电气上连接，它们连接的元件管脚处于同一网络，否则认为没有电气连接。电路节点如图 4 - 19 所示。

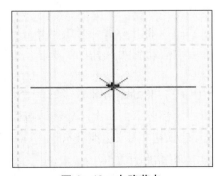

图 4 - 19　电路节点

2. 编辑电路节点属性

双击电路节点，会弹出"连接"属性编辑的对话框。在该对话框中可以更改电路节点的颜色、位置、是否锁定以及节点的大小等各项参数。这里的设置较为简单，不再详述。

4.2.4　放置电源/地符号

在电路建立起电气连接后，还需要放置电源/地符号。在电路设计中，通常将电源和地统称为电源端口。

1. 放置电源符号

在"实用"工具栏中提供了丰富的电源符号。

放置电源和接地符号主要有 5 种方法。

（1）单击"布线"工具栏中的 或 按钮。

（2）选择"放置"→"电源端口"命令。

（3）在原理图图纸空白区域右击，在弹出的快捷菜单中选择"放置"→"电源端口"命令。

（4）使用"实用"工具栏的"电源"按钮。

（5）按 P + O 组合键。

2. 编辑电源符号属性

在放置好电源和接地符号后，需要对其属性进行设置。

启动放置电源和接地符号命令后，按 Tab 键弹出 Power Port 对话框，或在放置电源和接地符号完成后，双击需要设置的电源符号或接地符号，如图 4 - 20 所示。

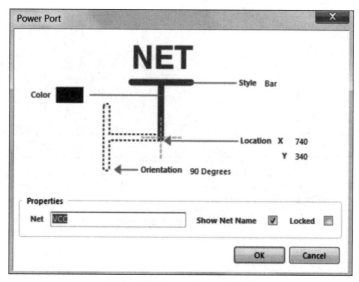

图 4 - 20　**Power Port** 对话框

（1）Color（颜色）：用来设置电源和接地符号的颜色。单击右边的色块，可以选择颜色。

（2）Orientation（定位）：用来设置电源和接地符号的方向，在下拉菜单中可以选择需要的方向，有 0 Degrees、90 Degrees、180 Degrees、270 Degrees。方向的设置也可以通过在放置电源和接地符号时按空格键实现，每按一次空格键就变化 90°。

（3）Location（位置）：可以定位 X、Y 的坐标，一般采用默认设置即可。

（4）Style（类型）：单击电源类型的下拉菜单按钮，出现 11 种不同的电源类型。和电源与接地工具栏中的图示存在一一对应的关系。

（5）Properties（属性）：在网络标号中键入所需要的名字，如 GND、VCC 等。

4.2.5　放置网络标号

具有相同网络标号的对象被认为拥有电气连接，它们连接的管脚被认为处于同一个网络中，而且网络的名称即为网络标号名。绘制大规模电路原理图时，网络标号是相当重要的。

1. 放置网络标号

通常情况下，为了原理图的美观，将网络标号附加在和元件管脚相连的导线上。在导线上标注了网络标号后，和导线相连接的元件管脚也被认为和网络标号有关系。

2. 设置网络标号的属性

双击网络标号，即可进入网络标号属性编辑对话框。在该对话框中，"网络"指该网络标号所在的网络。这是网络标号最重要的属性，它确定了该标号的电气特性。具有相同"网络"属性值的网络标号，它们相关联的元件管脚被认为是同一网络，有电气连接特性。例如，将这两个网络标签 NetLabel1、NetLabel2 都设置为 TXA，则这两个 TXA 具有电气特性。

设置完成的网络标号如图 4-21 所示。

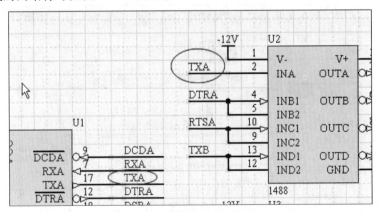

图 4-21　设置完成的网络标号

4.2.6　绘制总线和总线分支

在大规模的电子设计中，存在着大量的连接线路，此时采用总线来连接，可以减少连接线的工作量，同时使电路图更加美观。

任意放置两个元件，放置方法如前所述，元件符号如图 4 – 22 所示。

1. 绘制总线

绘制总线之前需要对元件管脚进行网络标号标注，表明电气连接。图 4 – 23 所示为元件的网络标号标注。

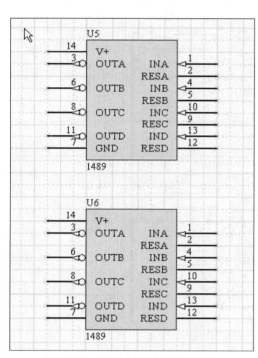

图 4 – 22　放置好的两个元件符号

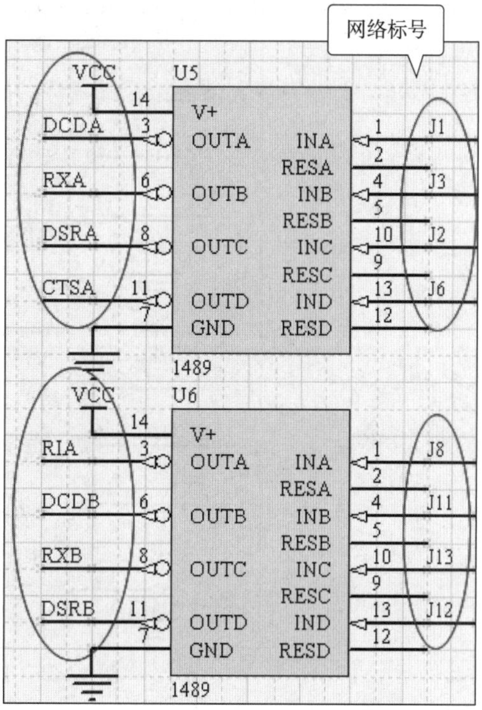

图 4 – 23　绘制总线前的网络标号标注

图 4 – 24 所示为绘制完的总线，图中的总线位置使得放置总线分支非常容易。

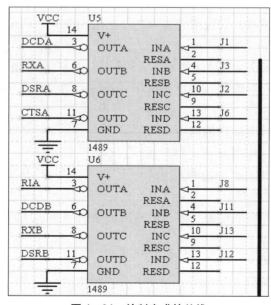

图 4 – 24　绘制完成的总线

2. 绘制总线分支

总线分支用于连接总线和从元件管脚引出的导线。放置好分支的总线如图 4 – 25 所示。

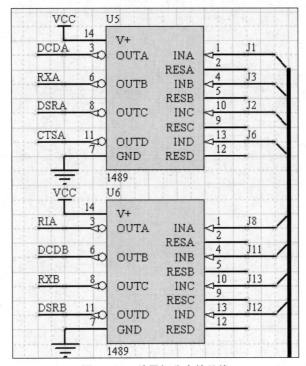

图 4 – 25　放置好分支的总线

4.2.7　放置端口

除了导线（总线）连接、设置网络标号之外，在 Altium Designer 中还有第三种方法表示电气连接——放置端口。

和网络标号类似，端口通过导线和元件管脚相连，两个具有相同名称的端口可以建立电气连接。与网络标号不同的是，端口通常用于表示电路的输入/输出，多用于层次电路图中。

1. 启动放置输入/输出端口的命令

启动放置输入/输出端口主要有 4 种方法。

（1）单击"布线"工具栏中的 ![icon] 按钮。

（2）选择"放置"→"端口"命令。

（3）在原理图图纸空白区域右击，在弹出的快捷菜单中选择"放置"→"端口"命令。

（4）按 P + R 组合键。

2. 放置输入/输出端口

放置输入/输出端口步骤如下。

（1）启动放置输入/输出端口命令后，光标变成十字形，同时一个输入/输出端口图示悬浮在光标上。

（2）移动光标到原理图的合适位置，在光标与导线相交处会出现红叉，这表明实现了电气连接。单击即可定位输入/输出端口的一端，移动鼠标使输入/输出端口大小合适，单击完成一个输入/输出端口的放置。

（3）右击退出放置输入/输出端口状态。

3. 输入/输出端口属性设置

在放置输入/输出端口状态下，按 Tab 键，或在退出放置输入/输出端口状态后，双击放置的输入/输出端口符号，弹出 Port Properties 对话框，如图 4 – 26 所示。

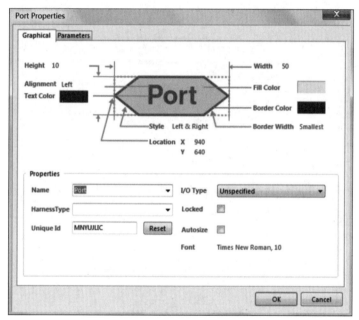

图 4 – 26　**Port Properties** 对话框

4.2.8　放置忽略 ERC 检查点

忽略 ERC 检查点是指该点所附加的元件管脚在 ERC 检查时，如果出现错误或警告，错误或警告将被忽略，不影响网络报表的生成。忽略 ERC 检查点本身并不具有任何电气特性，主要用于检查原理图。

1. 启动放置忽略 ERC 检查测试点命令

启动放置忽略 ERC 检查测试点命令，主要有 4 种方法。

（1）单击“布线”工具栏中的 ✕（放置忽略 ERC 测试点）按钮。

（2）选择“放置”→“指示”→Generic No ERC（忽略 ERC 测试点）命令。

（3）在原理图图纸空白区域右击，在弹出的快捷菜单中选择“放置”→指示→Generic No ERC 命令。

（4）按 P + V + N 组合键。

2. 放置忽略 ERC 检查测试点

启动放置忽略 ERC 检查测试点命令后，光标变成十字形上悬浮一个红叉，将光标移动到需要放置 No ERC 的节点上，单击完成一个忽略 ERC 检查测试点的放置。右击或按 Esc 键退出放置忽略 ERC 测试点状态。

3. No ERC 属性设置

在放置 No ERC 状态下按 Tab 键，或在放置 No ERC 完成后，双击需要设置属性的 No ERC 检查符号，弹出 No ERC 属性设置对话框，如图 4 - 27 所示。

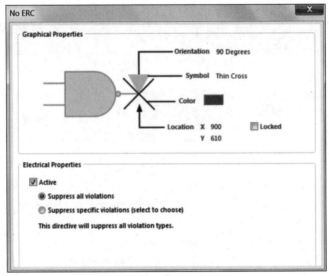

图 4 - 27　No ERC 属性设置对话框

任务训练

在电路原理图编辑器中放置图 4 - 28 所示的组成部分。

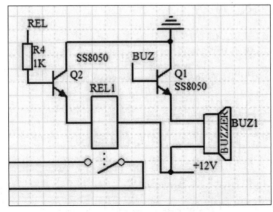

图 4 - 28　双三极管控制蜂鸣器电路

任务 4.3　原理图绘制实例

在本任务的学习中，首先介绍双 BJT 组成的多谐振荡器的原理图绘制方法；其次讲解电路绘制思路、原理图图纸设置、加载元件库、网络的设置和检查，掌握电路原理图元件的放置及编辑流程。在任务实施过程中，由学生分析电路组成原理，绘制多谐振荡器电路图。

4.3.1　设计结果及设计思路

1. 设计结果

多谐振荡器电路如图 4 - 29 所示。

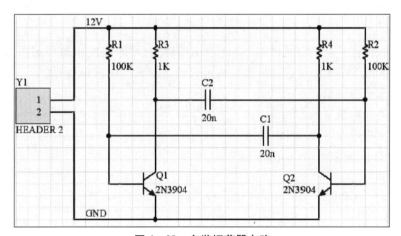

图 4 - 29　多谐振荡器电路

2. 设计思路

(1) 首先看原理图中的元件，检查各元件在原理图元件库中是否能够找到。

(2) 制作原理图元件库中没有的元件。

(3) 在项目文件中建立原理图文件，然后加载原理图元件库。

(4) 将元件放置在图纸上。

(5) 设置元件的参数。

(6) 调整元件的布局。

(7) 进行电路绘制。

(8) 进行电路注释。

4.3.2　设置原理图图纸

(1) 新建一个工程文件 PCB_Project1. PrjPCB。

（2）在工程文件中新建一个原理图文件。

（3）指定原理图保存的位置和名称后，单击"保存"按钮。

（4）选择"设计"→"文档选项"命令，在弹出的"文档选项"对话框中进行图纸设置。图纸保持默认设置：A4 大小、水平放置、图纸格点为 10 mil，电气格点为 10 mil。

4.3.3 元件库的加载

1. 元件库的位置

2N3904 晶体管和其他电阻、电容元件都位于 Miscellaneous Devices. IntLib 元件库，而连接插座位于 Miscellaneous Connectors. IntLib 元件库。首先需要加载元件库，否则将无法完成元件的放置。

2. 加载元件库

4.3.4 放置元件

在元件库加载后，可以将元件库中原理图所需要的元件放置在原理图图纸上，放置元件时可以直接在元件库中浏览选择放置，也可以通过搜索方法进行放置。

（1）放置 2 个三极管。

（2）放置 4 个电阻（resistors）。

（3）放置 2 个电容（capacitors）。

（4）放置 1 个连接器（connector）。

（5）保存文件。

效果如图 4 – 30 所示。

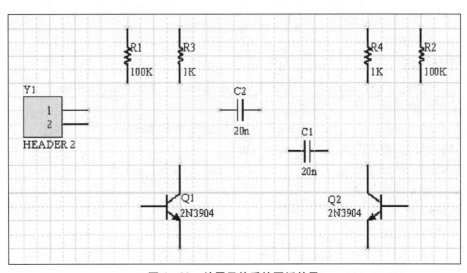

图 4 – 30　放置元件后的图纸效果

4.3.5 连接电路

根据电路设计的要求，将各个元器件用导线连接起来。单击"布线"工具栏中的"放置线"按钮 ≈，完成元器件之间的电气连接。在必要的位置选择"放置"→"手工节点（Manual Junction）"命令，放置电气节点。

4.3.6 网络与网络标签

放置网络标号、忽略 ERC 检查测试点以及输入/输出端口。单击"布线"工具栏中的"放置网络标号"按钮 Net1，在原理图上放置网络标号；单击"布线"工具栏中的放置忽略 ERC 检查测试点按钮 ×，在原理图上放置忽略 ERC 检查测试点；单击"布线"工具栏中的放置输入/输出端口按钮 ⊃⊃，在原理图上放置输入/输出端口。

◎ 任务训练

在电路原理图编辑器中放置如图 4 – 31 所示的组成部分。

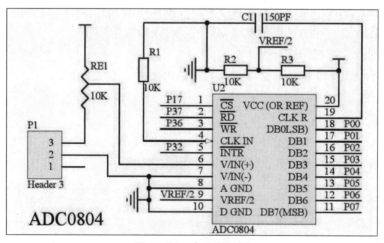

图 4 – 31 电路原理图

任务 4.4 翻转课堂

在本任务中，学习的决定权从教师转移给学生，学生讲解滤波电路绘图并分析绘制流程设计，通过小组合作，探究实际遇到的困难，进而掌握电路原理图绘制的全面知识点。在任务实施过程中，由学生分析电路组成原理，绘制整流滤波电路图。

请上机练习绘制整流滤波电路图，如图 4 – 32 所示，此图在后续 PCB 课程中仍然需要继续学习。

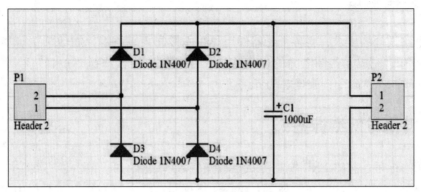

图 4 – 32　整流滤波电路

技能实训 4.5　练习

1. 简答题

（1）如何操作原理图元件库及如何搜索原理图库中的元件？

（2）如何在放置元件的过程中设置元件的属性及放置方向？

（3）如何对原理图视图进行操作？

（4）原理图绘制中有哪些电路绘制工具及如何使用？

2. 上机操作

绘制电路原理图。

（1）新建工程文件，并建立 KKG. SchDoc 原理图文件，按照表 4 – 1 所示的元器件列表，绘制图 4 – 33 所示的可控硅原理图，检查无错误后保存。

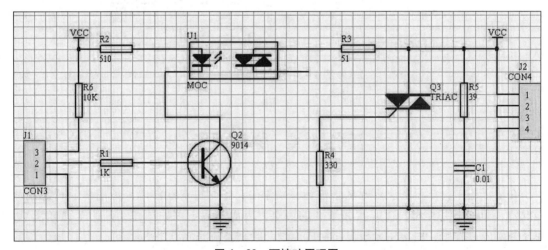

图 4 – 33　可控硅原理图

表 4 - 1　自控硅原理图元器件列表

样本名	序号	标示值	封装名
CAP	C1	0.01	RAD0.1
RES2	R1	1K	AXIAL - 0.3
RES2	R6	10K	AXIAL - 0.3
RES2	R5	39	AXIAL - 0.3
RES2	R3	51	AXIAL - 0.3
RES2	R4	330	AXIAL - 0.3
RES2	R2	510	AXIAL - 0.3
NPN	Q2	9014	TO - 92A
Header 3	J1	CON3	HDR1X3
Header 4	J2	CON4	HDR1X4
Opto TRIAC	U1	MOC	NPSIP4A
TRIAC	Q3	TRIAC	TO - 220AB

（2）新建工程文件，并建立图 4 - 34 所示的 A/D 转换电路。在"PCB 版图设计与制作 . SchDoc"文件中，按照图 4 - 34 和表 4 - 2 所示的样图及元器件列表绘制原理图，检查无错误后保存。

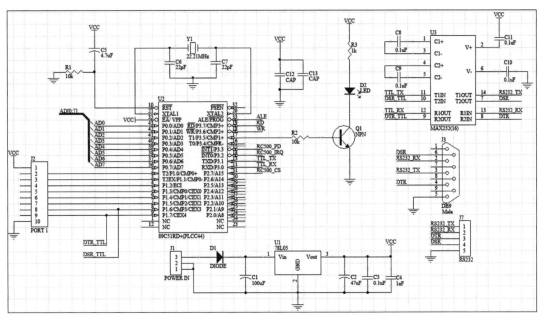

图 4 - 34　AT89C 52 + RC 500 Mifare 原理图

表 4 – 2　AT89C52 + RC500 Mifare 原理图元器件

Footprint	Comment	LibRef	Designator
RB. 2/. 4	100 μF	CAPACITOR	C1
RB. 2/. 4	47 μF	CAPACITOR	C2
0805	0. 1 μF	CAP	C3，C8，C9，C10，C11
0805	1 nF	CAP	C4
0805	4. 7 μF	CAPACITOR	C5
0805	22 pF	CAP	C6，C7
0805	CAP	CAP	C12，C13
AXIAL0. 5	DIODE	DIODE	D1
LED1	LED	LED	D2
POWER1	POWER IN	CON3	J1
SIP10	PORT 1	CON10	J2
DB9/M	DB9	DB9	J3
SIP5	RS232	CON5	J7
SOT – 23	NPN	NPN	Q1
0805	10k	RES1	R1，R2
0805	1k	RES1	R3
TO220H	78L05	VOLTREG	U1
PLCC44	89C51RD + (PLCC44)	80C31BH/BUA（44）	U2
SO – 16	MAX232（16）	MAX232（16）	U3
XTAL1	22. 21 MHz	CRYSTAL	Y1

学习任务评价表

姓名			班级			学号	
课程 名称						时间	
任务 名称							

一级 指标	二级 指标	评估 标准	权重 系数	得分		
				自评	互评	师评
学习态度及学习习惯 （20分）	学习 态度	1. 上课遵守纪律，专心听讲，勤操作，勤思考。 2. 不迟到，不早退，考勤状况好。 3. 不打瞌睡，不玩手机	10分			
	学习 习惯	1. 认真、按时、独立地完成课堂任务，坚持预习、复习。 2. 上课主动举手，积极回答老师提出的问题，反馈信息。 3. 认真做笔记，课后及时完成老师安排的作业	10分			
任务成绩及技能作业 （50分）	任务 成绩	得分公式：任务训练成绩占总评成绩的30%	30分			
	技能 作业	认真独立地完成老师课后布置的作业，并按时上传到线上平台	20分			
学习 能力 （30分）	学习方法	1. 能够掌握科学的学习方法。 2. 能够运用已掌握的学习方法解决 EDA 学科中的问题。 3. 课后看视频，登录平台，参与任务讨论并发表讨论话题。 4. 课前有预习和充分准备，课后进行复习并完成作业	10分			
	收集与 处理信 息的能力	1. 经常阅读电子线路 EDA 技术有关的课外书籍，关注本学科的前沿知识和热点问题。 2. 会通过网络寻找相关资料。 3. 会利用参考书，图书馆阅览室查阅相关资料	5分			
	学生操 作协作 能力	1. 在学习活动中，积极参与，善于合作，能够在与别人的合作中达到学习的目的。 2. 尊重他人的劳动成果，善于动员别人与自己合作并在合作中提高自己的学习能力，加强团队协作意识和创新精神	10分			

续表

一级 指标	二级 指标	评估 标准	权重 系数	得分		
				自评	互评	师评
学习 能力 （30 分）	个人能力	1. 观察力。 2. 注意力。 3. 记忆力。 4. 思维能力。 5. 扩展能力	5 分			
学习 效果 （10 分）	三维目标	1. 提高学生学习的积极主动性，达到老师要求合格的教学目标。 2. 学会分析和解决问题，锻炼一定的能力。 3. 学生的情感、态度、价值观都得到相应的发展	10 分			
总分						

项目 5

层次原理图的绘制

项目导入

在前面学习了一般电路原理图的基本设计方法，将整个系统的电路绘制在一张原理图纸上，这种方法适用于规模较小、逻辑结构比较简单的系统电路设计。而对于大规模的电路系统来说，由于所包含的对象数量繁多、结构关系复杂，因此很难在一张原理图纸上完整地绘出，即使勉强绘制出来，其错综复杂的结构也非常不利于电路的阅读分析与检测。

因此，对于大规模的复杂系统，应该采用另外一种设计方法，即电路的模块化设计。将整个系统按照功能分解成若干个电路模块，每个电路模块能够完成一定的独立功能，具有相对的独立性，可以由不同的设计者分别绘制在不同的原理图上。这样，电路结构清晰，同时也便于多人共同参与设计，加快工作进程。

知识目标

1. 了解 Altium Designer 大型电路图分解为层次原理图；
2. 理解 Altium Designer 层次原理图的符号绘制和连接；
3. 掌握 Altium Designer 层次原理图设计工具。

能力目标

1. 能够识别并解决层次设计中的各种问题；
2. 能够利用层次原理图优化设计流程；
3. 能够将复杂的电路设计分解为较小、更易管理的模块。

素质目标

1. 培养学生建立 EDA 系统思维；
2. 培养学生细致和耐心的素质；
3. 培养学生较强的逻辑推理能力；
4. 培养学生具备一定的创造性思维。

任务 5.1　层次原理图的概念及组成

本任务首先介绍层次原理图对大型系统原理图起到的作用；其次将任务分解为层次原理图的模块化、具体化，掌握电路原理图绘制的全面知识点。在任务实施的过程中，由学生主动分析电路组成的子原理图。

复杂的单一原理图有如下缺点。

（1）原理图过于臃肿、繁杂。

（2）原理图的检错和修改比较困难。

（3）其他设计者难以读懂原理图，给设计交流带来困难。

对应电路原理图的模块化设计，Altium Designer 提供了层次原理图的设计方法，这种方法可以将一个庞大的系统电路作为一个整体项目来设计，而根据系统功能所划分出的若干个电路模块，则分别作为设计文件添加到该项目中。这样就把一个复杂的大型电路原理图设计变成了多个简单的小型电路原理图设计，层次清晰，设计简便。

层次电路原理图的设计理念是将实际的总体电路进行模块划分，划分的原则是每一个电路模块都应该有明确的功能特征和相对独立的结构，而且还要有简单、统一的接口，便于模块彼此之间的连接。

针对每一个具体的电路模块，可以分别绘制相应的电路原理图，该原理图一般称为子原理图。而各个电路模块之间的连接关系则是采用一个顶层原理图（即母图）来表示，顶层原理图主要由若干个方块电路即图纸符号组成，用来展示各个电路模块之间的系统连接关系，描述了整体电路的功能结构。这样，把整个系统电路分解成了顶层原理图和若干个子原理图来分别进行设计。

在层次原理图的设计过程中需要注意，如果在对层次原理图进行编译之后 Navigator 面板中只出现一个原理图，则说明层次原理图的设计中存在着很大的问题。另外，在一个层次原理图的工程项目中只能有一个顶层原理图，一张原理图中的方块电路不能参考本张图纸上的其他方块电路或其上一级的原理图。

Altium Designer 提供的层次原理图设计功能非常强大，能够实现多层的层次化设计功能。用户可以将整个电路系统划分为若干个子系统，每一个子系统可以划分为若干个功能模块，而每一个功能模块还可以再细分为若干个基本的小模块，这样依次细分下去，就把整个系统划分成为多个层次，电路设计由繁变简。

图 5-1 所示是一个三级层次原理图的基本结构图，由顶层原理图和子原理图共同组

成，是一种模块化结构。

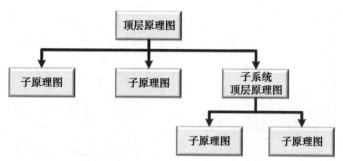

图 5-1　三级层次原理图的基本结构

　　其中，子原理图就是用来描述某一电路模块具体功能的普通电路原理图，只不过增加了一些输入/输出端口，作为与上层进行电气连接的通道口。普通电路原理图的绘制方法在前面已经学习过，主要由各种具体的元器件、导线等构成。

　　顶层原理图的主要构成元素却不再是具体的元器件，而是代表子原理图的图纸符号。图 5-2 所示是一个采用层次结构设计时的顶层原理图，该顶层原理图主要由 4 个图纸符号组成，每一个图纸符号都代表一个相应的子原理图文件，共有 4 个子原理图。在图纸符号的内部给出了一个或多个表示连接关系的电路端口，对于这些端口，在子原理图中都有相同名称的输入/输出端口与之相对应，以便建立起不同层次间的信号通道。

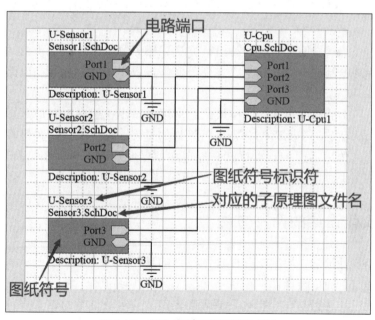

图 5-2　层次原理图的顶层原理图

　　图纸符号之间也是借助于电路端口，可以使用导线或总线完成连接。而且在同一个项目的所有电路原理图（包括顶层原理图和子原理图）中，相同名称的输入/输出端口和电路端口之间，在电气意义上都是相互连接的。

任务训练

请在 Altium Designer 项目中新建层次原理图，并且画出顶层原理图，如图 5-3 所示。

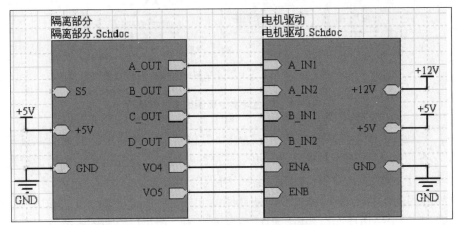

图 5-3　层次原理图连接模块

任务 5.2　层次原理图的设计方法

本任务内容介绍层次原理图的两种设计方法，任务解析为层次原理图的设计理念，掌握电路层次原理图绘制的全面知识点。在任务实施过程中，由学生绘制电路系统中的子原理图。

根据 5.1 节所讲的层次原理图的模块化结构可以看出，层次电路原理图的设计实际上就是对顶层原理图和若干子原理图分别进行设计的过程。设计过程的关键在于不同层次间的信号如何正确地传递，这一点主要就是通过在顶层原理图中放置图纸符号、电路端口，而在各个子原理图中放置相同名称的输入/输出端口来实现的。

5.2.1　层次化设计的两种方法

基于上述的设计理念，层次电路原理图设计的具体实现方法有两种：一种是自上而下设计，另一种是自下而上设计。

自上而下的设计思想是在绘制电路原理图之前，要求设计者对这个设计有一个整体的把握。把整个电路设计分成多个模块，确定每个模块的设计内容，然后对每一模块进行详细的设计。这种设计方法被称为自顶向下，逐步细化。该设计方法要求设计者在绘制原理图之前就对系统有比较深入的了解，对于电路的模块划分比较清楚。

自下而上的设计思想则是设计者先绘制原理图子图，根据原理图子图生成方块电路图，进而生成上层原理图，最后生成整个设计。这种方法比较适用于对整个设计不是非常熟悉的用户，这也是初学者一种不错的选择方法。

5.2.2 复杂分层的层次原理图

绘制好层次化的原理图后需要将多层的原理图平整化，即将多层的原理图结构转换为两层的原理图结构，即一张总原理图和若干张子原理图的结构。

在多层次原理图的平整化过程中的要求是：所有使用次数超过一次的子原理图将被复制并重新命名，对应的子原理图中的元件也需要重新标注。在完成多层次原理图的平整化之后，工程变成了一个双层的原理图，以后的操作将和简单分层的原理图设计相同，这里就不再赘述。

◎ 任务训练

请通过绘制组织结构图的方式描述层次原理图的种类。

任务 5.3 自上而下的层次原理图设计

本任务首先介绍层次原理图的自上而下设计；其次，将任务解析为层次原理图的模块化操作，掌握电路层次原理图绘制的全面知识点。在任务实施过程中，由学生绘制电路系统中的自上而下层次原理图。

5.3.1 自上而下层次原理图设计流程

自上而下层次原理图设计流程如下。

（1）根据系统实际情况，确定系统中有几个模块和模块之间的端口连接。

（2）根据系统模块划分和模块之间的端口连接，绘制总原理图。

（3）根据各个模块完成的功能，绘制单张的子原理图。

（4）检查总原理图和各张子原理图之间的连接，确定正确的电气连接。

5.3.2 自上而下层次原理图的绘制

在自上而下层次原理图绘制中，单张原理图绘制的大部分操作在前面已经介绍过。这里主要介绍总原理图的绘制，它牵涉的操作包括方框电路图的放置和方框电路图中端口的放置。这些操作工具可以在"布线"工具栏中找到，它们在工具栏中的按钮如下。

▥ 按钮：放置方框电路图。

▣ 按钮：放置方框电路图上的端口。

1. 放置方框电路图（Sheet Symbol）及其属性编辑

层次原理图总是显示在一个系统中，总原理图总是处于一个文件中，所以还需要为总原理图建立一个工程。

在新建原理图文件之后，单击"布线"工具栏中的 ![button] 按钮放置所有方框电路图，右击或按 Esc 键即可退出放置方框电路图的状态，如图 5-4 所示。

2. 放置方框电路图上的端口（Sheet Entry）及其属性编辑

端口位置放置有严格的要求——端口必须处于方框电路图内部边缘处。单击"布线"工具栏中的 ![button] 按钮，移动鼠标指针到方框电路图内部的边缘处单击，即可放置一个端口，如图 5-5 所示。可以双击端口设置其属性。

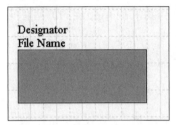

图 5-4　放置好的方框电路图

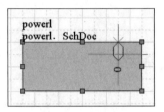

图 5-5　放置端口

3. 总原理图的绘制

在总原理图的绘制过程中，除了放置方框电路图、端口外，其他的所有对象都可以放置到电路图中去，绘制方法与单张原理图相同。

4. 子原理图的绘制

在完成总原理图的绘制后，根据总原理图中的方框电路图可以生成各个子原理图文件及子原理图中的端口。

（1）选择"设计"→"产生图纸"命令。

（2）鼠标指针将变成十字形状显示在工作窗口中，移动鼠标指针到方框电路图上并单击，系统将生成子原理图文件 power1. SchDoc，如图 5-6 所示。可以在该图中完成其他元件的放置。

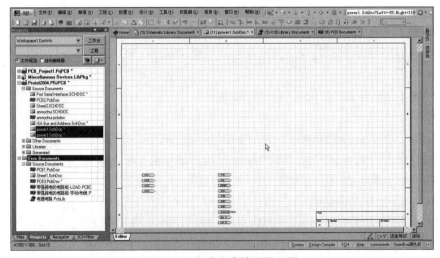

图 5-6　自动生成的子原理图

（3）此时子原理图文件被创建出来，在工程文件列表中可以看到新创建的子原理图文件 power1. SchDoc。

任务训练

请在软件中绘制层次原理图的端口，如图 5 - 7 所示。

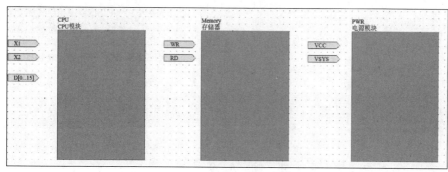

图 5 - 7　层次原理图的端口

任务 5.4　自下而上的层次原理图设计

本任务将介绍自下而上层次原理图的设计流程，以及如何绘制自下而上层次原理图；将任务分解为层次原理图的模块化操作，掌握电路层次原理图绘制的全面知识点。在任务实施中，由学生绘制电路系统中的自下而上层次原理图。

5.4.1　自下而上层次原理图设计流程

自下而上的层次原理图设计流程如下。
（1）初步确定系统的模块划分。
（2）根据单个模块绘制单张的子原理图。
（3）在所有子原理图绘制完成后，根据各子原理图的端口绘制总原理图。
（4）检查总原理图和各子原理图之间的连接，确定正确的电气连接。

5.4.2　自下而上层次原理图设计

1. 子原理图的绘制

自下而上的层次化设计是从单张原理图设计开始的，这里涉及的内容和 5.3 节介绍的内容相同，不再赘述。

2. 总原理图的绘制

在完成子原理图绘制后，系统可以根据子原理图自动生成方框电路图及其端口。自动生成方框电路图的步骤如下。

（1）新建一个原理图文件，准备在该原理图上绘制一个方框电路图。

（2）让方块电路图文件处于激活状态，然后选择"设计"→"HDL 文件或图纸生成图表符"命令。

（3）弹出选择原理图对话框，将鼠标移至子原理图文件上，该文件以高亮度显示。

（4）单击 OK 按钮，将鼠标指针移动到合适的位置后单击，方框电路图即被放置在原理图上，如图 5-8 所示。

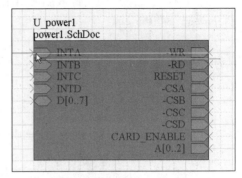

图 5-8　放置好方框电路的总原理图

任务训练

请在软件中绘制电源层次原理图，如图 5-9 所示。

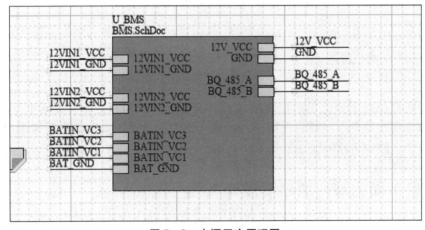

图 5-9　电源层次原理图

技能实训 5.5　练习

1. 简答题

（1）请论述层次原理图的种类。

（2）请论述层次原理图的设计方法。

（3）请论述自上而下的原理图设计流程。

（4）请论述自下而上的原理图设计流程。

2. 判断题

（1）层次原理图设计时，只能采用自上而下的设计方法。　　　　　　　　　　（　）

（2）原理图设计中，要进行元器件移动和对齐操作，必须先选择该元器件。　（　　）

（3）将一个复杂的原理图画在多张层次不同的图样上，称为层次原理图。　（　　）

（4）在原理图的图样上，具有相同网络标号的多条导线可视为是连接在一起的。

（　　）

（5）层次原理图的上层电路方块图之间，只能用总线连接方块电路端口。　（　　）

3. 上机实操

如图 5-10 所示，可以把整个图纸分成上、中、下三个部分，其中，中部分和下部分是相同的。

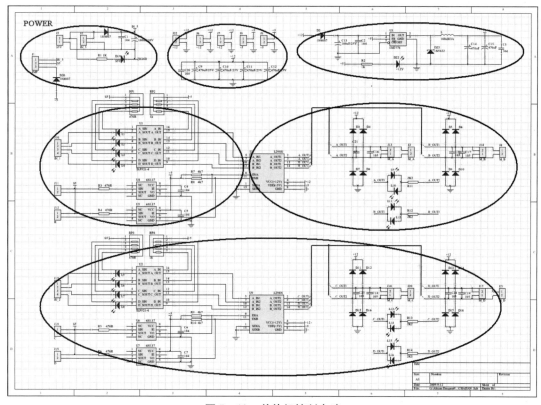

图 5-10　单片机控制电路

请采用绘制子原理图的方式练习自上而下的层次原理图设计。

学习任务评价表

姓名		班级			学号		
课程名称					时间		
任务名称							

一级指标	二级指标	评估标准	权重系数	得分		
				自评	互评	师评
学习态度及学习习惯（20分）	学习态度	1. 上课遵守纪律，专心听讲，勤操作，勤思考。 2. 不迟到，不早退，考勤状况好。 3. 不打瞌睡，不玩手机	10分			
	学习习惯	1. 认真、按时、独立地完成课堂任务，坚持预习、复习。 2. 上课主动举手，积极回答老师提出的问题，反馈信息。 3. 认真做笔记，课后及时完成老师安排的作业	10分			
任务成绩及技能作业（50分）	任务成绩	得分公式：任务训练成绩占总评成绩的30%	30分			
	技能作业	认真独立地完成老师课后布置的作业，并按时上传到线上平台	20分			
学习能力（30分）	学习方法	1. 能够掌握科学的学习方法。 2. 能够运用已掌握的学习方法解决 EDA 学科中的问题。 3. 课后看视频，登录平台，参与任务讨论并发表讨论话题。 4. 课前有预习和充分准备，课后进行复习并完成作业	10分			
	收集与处理信息的能力	1. 经常阅读电子线路 EDA 技术有关的课外书籍，关注本学科的前沿知识和热点问题。 2. 会通过网络寻找相关资料。 3. 会利用参考书，图书馆阅览室查阅相关资料	5分			
	学生操作协作能力	1. 在学习活动中，积极参与，善于合作，能够在与别人的合作中达到学习的目的。 2. 尊重他人的劳动成果，善于动员别人与自己合作并在合作中提高自己的学习能力，加强团队协作意识和创新精神	10分			

一级指标	二级指标	评估标准	权重系数	得分		
				自评	互评	师评
学习能力 (30分)	个人能力	1. 观察力。 2. 注意力。 3. 记忆力。 4. 思维能力。 5. 扩展能力	5分			
学习效果 (10分)	三维目标	1. 提高学生学习的积极主动性，达到老师要求合格的教学目标。 2. 学会分析和解决问题，锻炼一定的能力。 3. 学生的情感、态度、价值观都得到相应的发展	10分			
总分						

项目 6

绘制原理图元件

在之前的项目中，已经学习了 Altium Designer 原理图的绘制方法。

虽然 Altium Designer 提供了丰富的元件封装库资源，但是，在实际的电路设计中，由于电子元器件技术的不断更新，有些特定的元件封装仍需自行制作。另外，根据工程项目的需要，也便于更好地管理元件库。

本项目将对元件库的创建进行详细介绍，并学习如何管理自己的元件库，从而更好地为设计服务。每一个元器件都有其对应的符号，绘制成对应的元器件图形。绘制元器件的时候需要注意元器件的大小、引脚长度、是否方便画原理图等因素。

从元器件管理角度看，打造自己的元器件库不仅可以方便地让自己管理已经使用过的元器件，而且可以非常简单地扩展自己的元器件库。

从设计角度看，打造自己的元器件库可以更加方便以后的设计，因为设计者对自己使用过的元器件有更多的经验积累。

从学习总结角度看，打造自己的元器件库可以提升自己的总结能力，也搭建了自己对于硬件设计的系统性框架，从而更深地掌握所学知识。

知识目标

1. 了解 Altium Designer 绘制原理图元件的意义；
2. 理解 Altium Designer 原理图的元件符号绘制和连接；
3. 掌握 Altium Designer 原理图元件库的设计工具。

能力目标

1. 能够绘制常见元件的符号和标识；
2. 能够掌握原理图元件库优化设计流程；
3. 能够自主学习新元件和符号。

素质目标

1. 培养学生规范化、系统化、创新化素质；
2. 培养学生细致和耐心素质；
3. 培养学生较强的逻辑思维素质；
4. 培养学生对电子领域更新技术的自主学习意识。

任务 6.1　新建元件符号的步骤

本任务首先学习 Altium Designer 新建元件的步骤；其次具体讲解使用 Altium Designer 电路原理图库的操作方法，掌握 Altium Designer 原理图的操作知识。在任务实施过程中，由学生演示原理图元件库的制作流程。

元件符号主要由元件边框和引脚组成，其中引脚表示实际元件的引脚。引脚可以建立电气连接，是元件符号中最重要的组成部分。

建立一个新的元件符号需要遵从以下步骤。

（1）新建/打开一个元件符号库，设置元件库中图纸参数。

（2）查找芯片的数据手册（datasheet），找出其中的元件框图说明部分，根据各个引脚的说明统计元件引脚数目和名称。

（3）新建元件符号。

（4）为元件符号绘制合适的边框。

（5）给元件符号添加引脚，并编辑引脚属性。

（6）为元件符号添加说明。

（7）编辑整个元件属性。

（8）保存元件库，做好备份工作。

任务训练

请在思维导图中绘制新建元件符号的流程图。

任务 6.2　元件库的创建

在本任务中，首先学习 Altium Designer 新建元件库的方法；其次，使用 Altium Designer 完成电路原理图库创建，完成 Altium Designer 原理图的库操作知识储备。在任务实施过程中，首先由教师讲解理论知识，再由学生演示原理图元件库的创建案例。

Altium Designer 支持集成元件库和单个的元件符号库。

6.2.1　元件符号库的创建

启动 Altium Designer，关闭所有当前打开的工程。选择 File→New→Library→Schematic Library 命令，如图 6 – 1 所示。此时在工程面板中增加了一个元件库文件，该文件即为新建的元件符号库。新增加的元件库名称命名为 Schlib1. SchLib。

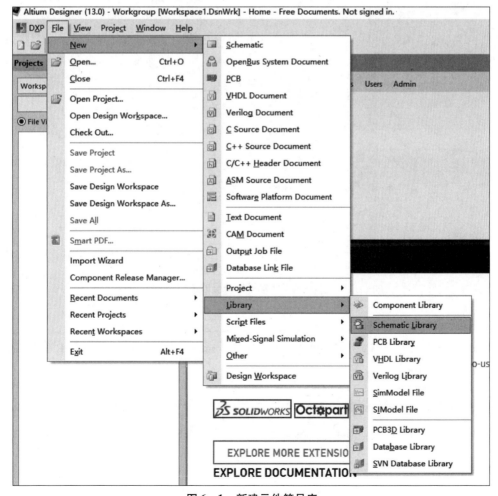

图 6 – 1　新建元件符号库

6.2.2　元件符号库的保存

选择 File→Save 命令即可保存。

打开"我的电脑",在刚才的 Altium Designer 文件夹中可以找到新建的元件符号库,在以后的设计工程中,可以很方便地引用。

6.2.3　元件设计界面

在完成元件符号库的建立之后即可进入新建元件符号的窗口,如图 6 - 2 所示。该窗口由上面的主菜单、工具栏、左边的工作面板和右边的工作窗口组成。

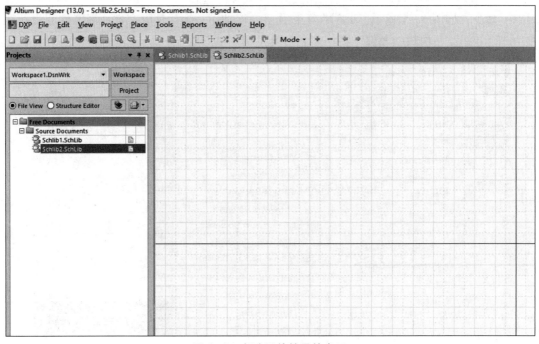

图 6 - 2　新建元件符号的窗口

1. 主菜单

绘制元件符号窗口中的主菜单如图 6 - 3 所示。在主菜单中,可以找到所有绘制新元件符号所需要的操作。

图 6 - 3　绘制元件符号窗口中的主菜单

2. 工具栏

工具栏包括标准工具和画图画线工具,如图 6 - 4 所示。

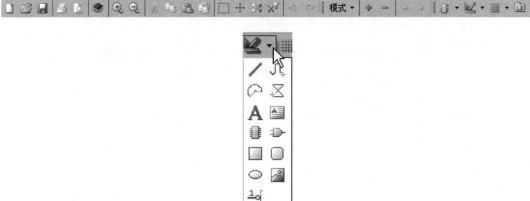

图6-4 工具栏

鼠标放置在图标上会显示该图标对应的功能。主工具栏中所有的功能在主菜单中均可找到。

3. 工作面板

在元件符号库文件设计中的常用面板为 SCH Library 面板。

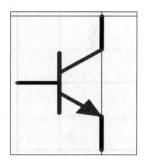

任务训练

请绘制图6-5所示的元件符号。

图6-5 三极管元件符号

任务6.3 简单元件绘制实例

在本任务中，首先学习 Altium Designer 新建简单元件的方法；其次，将任务分解为使用 Altium Designer 电路原理图元件绘制。在任务实施过程中，首先由教师讲解理论知识，再由学生演示原理图元件图元的绘制。

6.3.1 设置图纸

选择 Design→Document Options 命令，也可以在库设计窗口中右击选择 Options→Document Options 命令来弹出 Library Editor Workspace 对话框，对话框中可以设置元件符号库图纸，如图6-6所示。

该对话框与原理图编辑环境中的"文档选项"对话框的内容相似，这里只介绍其中个别选项的含义，其他选项用户可以参考原理图编辑环境中的"文档选项"对话框进行设置。

（1）Show Hidden Pins（显示隐藏管脚）复选框：用于设置是否显示库元件的隐藏引脚。隐藏引脚被显示出来，并不会改变引脚的隐藏属性。要改变其隐藏属性，只能通过引脚属性对话框来完成。

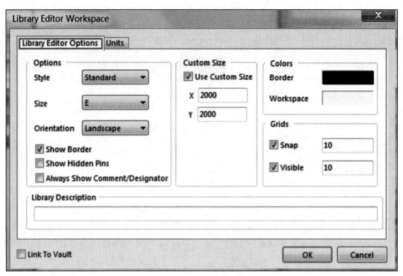

图 6 – 6　设置工作区参数

（2）Custom Size 选项区域：用于用户自定义图纸的大小。

（3）Library Description 文本框：用于输入原理图元件库文件的说明。在该文本框中输入必要的说明，可以为系统进行元件库查找提供相应的帮助。

另外，选择 Tools→Schematic Preferences 命令，则弹出图 6 – 7 所示的对话框，可以对其他的一些有关选项进行设置，设置方法与原理图编辑环境中完全相同，这里不再赘述。

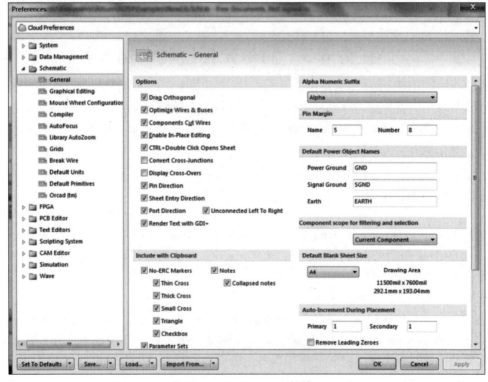

图 6 – 7　Preferences 对话框

6.3.2 新建/打开一个元件符号

1. 新建元件符号

在完成新建元件库的建立及保存后，将自动新建一个元件符号，在工作面板中激活了此时元件符号库中唯一的元件符号 Component_1。也可以选择 Tools→New Component 命令，完成新建一个元件符号的操作。

2. 重命名元件符号

为了方便元件符号的管理，命名需要具有一定的实际意义，最通常的情况就是直接采用元件或芯片的名称作为元件符号的名称。

3. 打开已经存在的元件符号

6.3.3 示例元件的信息

示例元件型号为 NEC8279，该元件共 40 个引脚，每个引脚的电气名称和引脚功能如图 6-8 所示。要注意的是第 40 脚、第 20 脚是隐藏的，后面要介绍如何将其显示和隐藏。

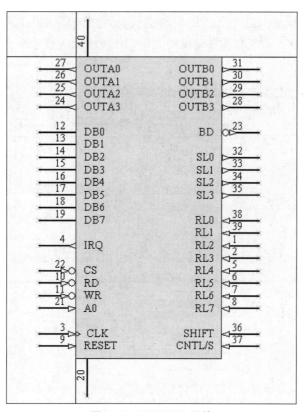

图 6-8 NEC8279 元件

该集成电路是双列排列，左右各 20 个引脚，下面开始讲述该元件的绘制步骤。

6.3.4 绘制边框

绘制边框包括绘制元件符号边框和编辑元件符号边框属性等内容。边框放置完成的示意图如图 6-9 所示。

6.3.5 放置引脚

绘制好元件符号边框后，可以开始放置元件的引脚，引脚需要依附在元件符号的边框上。在完成引脚放置后，还要对引脚属性进行编辑。

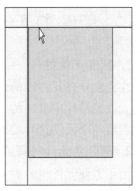

图 6-9　边框放置完成

单击画图工具栏中的 🔛 按钮，鼠标指针变成十字形状并附加着一个引脚符号显示在工作窗口中，移动鼠标指针到合适位置单击放置引脚。

注意：在放置引脚的过程中，有可能需要在边框的四周都放置上引脚，此时需要旋转引脚。旋转引脚的操作很简单，在引脚放置过程中，按空格键即可完成对引脚的旋转。

在放置引脚过程中按 Tab 键，会弹出引脚属性对话框，可以对引脚进行设置，包括引脚基本属性设置和引脚符号设置。

（1）根据上面的属性对这个元件的引脚进行设置。该图的第 1 脚、第 2 脚没有使用，直接从第 3 脚开始放置，第 3 脚设置结果如图 6-10 所示，注意选择"电气类型"为 Input，"内边沿"为 Clock。

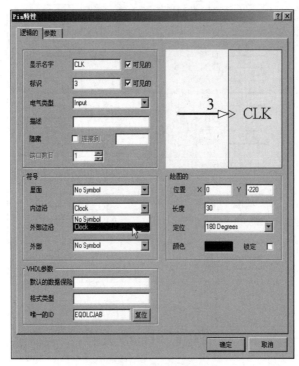

图 6-10　第 3 脚设置结果

（2）按照相同的方法放置余下的所有引脚，对于引脚的小圆圈的放置，要注意设置"外部边沿"为 Dot，"电气类型"要根据元件实际情况选择 Input 或 Output，以放置第 22 脚为例说明，如图 6-11 所示。

图 6-11 放置第 22 脚

（3）同理放置其他引脚，在放置第 40 脚 VCC 时，在"电气类型"的下拉列表框中选择 Power 选项，只是选择隐藏了管脚，如图 6-12 所示。

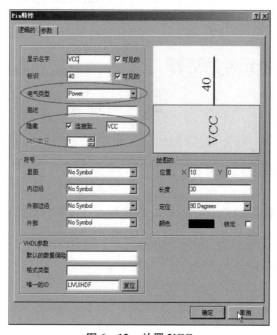

图 6-12 放置 VCC

（4）引脚放置完成后的元件如图6－13所示。

（5）选择 View→Show Hidden Pins 命令，则整个元件的管脚都会显示出来，效果如图6－14所示。

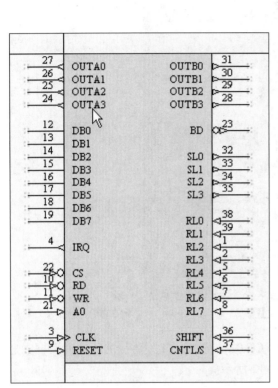

图6－13　生成的 NEC8279 元件　　　　图6－14　绘制成的 NEC8279 元件整体效果

6.3.6　在原理图中元件的更新

选择 Tools→Update Schematics 命令，如图6－15所示，即可更新当前已打开原理图上所有的该类元件。

6.3.7　为元件符号添加模型

添加 Footprint 模型的目的是以后的 PCB 同步设计，此部分内容在 . PcbLib 中详细介绍。

任务训练

请绘制微控制器芯片符号，如图6－16所示。

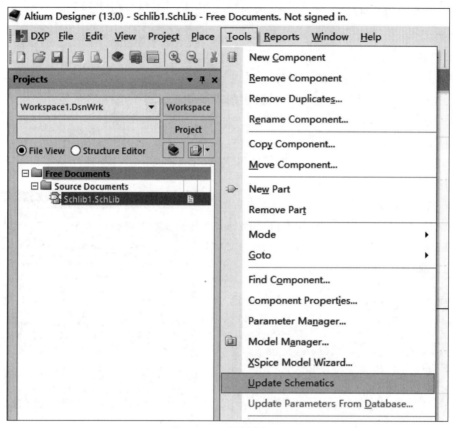

图 6 - 15　更新原理图

图 6 - 16　微控制器芯片符号

任务6.4 修改集成元件库中的元件

在本任务中，首先学习 Altium Designer 元件集成库的修改方法；其次，介绍如何使用 Altium Designer 电路原理图集成元件库绘制，完成 Altium Designer 原理图元件的基本操作知识储备。在任务实施过程中，首先由教师讲解理论知识，再由学生演示原理图元件库的修改案例。

本节以三极管的修改为例进行说明。

（1）首先建立一个 PCB 项目，然后选择 File→Open 命令，打开软件安装目录下 Library 元器件库文件。

（2）找到名称为 Miscellaneous Devices. IntLib 的文件，选择该文件后单击"打开"按钮，会弹出一个提示对话框，单击"摘取源文件"按钮，如图6-17所示。

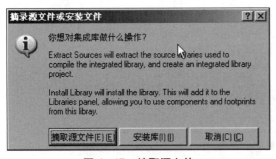

图6-17 摘取源文件

（3）单击面板最下方的 SCH Library 标签切换到 SCH Library 面板，如图6-18所示。

（4）在刚建立的 PCB 工程中建立一个自己的 Shematic Library 元件库。

（5）切换到集成元件库的面板中，选择 2N3904 进行复制。

（6）复制元件后切换到自己的 Schlib1. SchLib 库文件面板。

（7）粘贴完后便可以对 2N3904 进行修改，修改前对格点进行设置。

（8）选择 Design→Document Options 命令，弹出 Library Editor Workspace 对话框，将 Grids（栅格）处的 10 改为 1。

（9）单击图6-19中的三角形箭头。

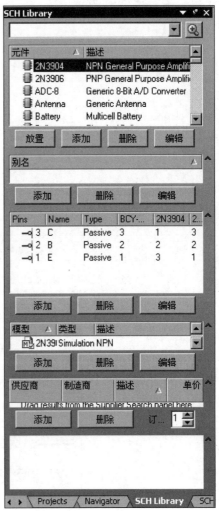

图6-18 SCH Library 面板

（10）移动鼠标到元件库图中的三极管中放置小三角形，在放置过程可以按空格键进行方向的转换，将三极管原来的三个引脚先移动到旁边，如图 6 – 20 所示。

图 6 – 19　三角形箭头

单击这个三角形箭头

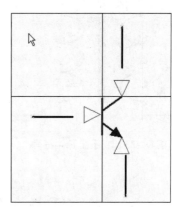

图 6 – 20　放置小三角形

（11）双击每个三角形，也可以在放置小三角形过程中按 Tab 键，这两种方式都会弹出对话框，将线宽设置为 Small，颜色设置为蓝色。

（12）经过修改后的图形如图 6 – 21 所示。

（13）移动元件原有的引脚，放置完成的元件如图 6 – 22 所示。然后保存该元件和绘制的元件库到自己定义的路径中，并记住该路径。

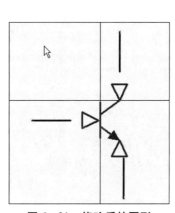

图 6 – 21　修改后的图形

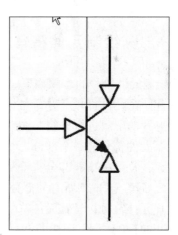

图 6 – 22　完成的元件

任务训练

请利用集成库修改元件符号，如图 6 – 23 和图 6 – 24 所示。

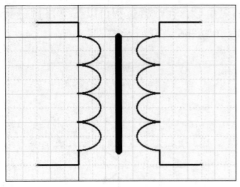

图 6 – 23　变压器元件符号

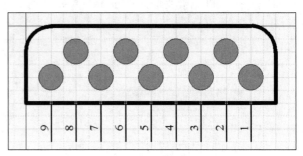

图 6 – 24　DB9 端口元件符号

任务 6.5　复杂元件的绘制

在本任务中需要学习 Altium Designer 绘制较复杂的元件库；其次，介绍如何使用 Altium Designer 进行电路原理图元件图元的绘制，完成 Altium Designer 原理图元件的基本操作知识储备。在任务实施过程中，首先由教师讲解理论知识，再由学生演示原理图元件分部分的（part）绘制。

Altium Designer 提供了元件分部分绘制的方法来绘制复杂的元件。

6.5.1　分部分绘制元件符号

分部分绘制元件符号的步骤如下。

（1）新建一个元件符号，并命名保存。

（2）对芯片的引脚进行分组。

（3）绘制元件符号的一个部分。

（4）在元件符号中新建部分，重复步骤（3），绘制新的元件符号部分。

（5）重复步骤（4）到所有的部分绘制完成，此时元件符号绘制完成。

（6）注释元件符号，设置元件符号的属性。

下面将以 74LS08 芯片为例讲述具体的分部分绘制元件符号的操作。

6.5.2　示例元件说明

根据 74LS08 芯片的数据手册，该芯片共 14 个引脚，单片集成了 4 个运算放大器。

6.5.3　新建元件符号

打开 Schlib1. SchLib 元件符号库，选择 Tools→New Component 命令，新建一个元件符号并将它命名为 74LS08，单击 OK 按钮保存元件符号。该元件将以 74LS08 的名称显示在元件符号库浏览器中，新建立的元件符号与前面介绍的 NEC8279 同处于一个元件库中。

6.5.4   示例元件的引脚分组

74LS08 元件可以分成 4 个部分绘制。

部分 1：包含引脚 11、12、13、7、14，即一个运算放大器。

部分 2：包含引脚 1、2、3，即一个运算放大器。

部分 3：包含引脚 8、9、10，即一个运算放大器。

部分 4：包含引脚 4、5、6，即一个运算放大器。

6.5.5   元件符号中一个部分的绘制

元件第 1 部分的绘制和整个元件的绘制方法相同，都是绘制一个三角形边框再添加上引脚，然后对元件符号进行注解。整个元件的绘制基本上通过绘制圆弧曲线 ⌒ 按钮即可绘制完成。绘制步骤如下。

（1）单击画图工具栏中的绘制圆弧曲线 ⌒ 按钮，进入绘制边框线段的状态。

（2）绘制一个圆弧。

（3）然后再单击 ✎ 按钮绘制直线，组合为一个封闭的图形，如图 6－25 所示。可以修改线宽、颜色等。

（4）放置引脚，在元件的第一部分包含 5 个引脚，设置 5 个引脚属性。

绘制完成的元件符号如图 6－26 所示。

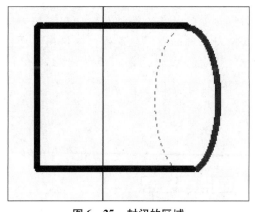

图 6－25   封闭的区域

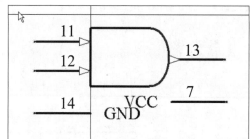

图 6－26   绘制完成的元件符号

6.5.6   新建/删除一个部分

在完成元件符号第 1 部分的绘制后，选择 Tools→New Component 命令，即可新建一个部分的操作，该部分在元件符号库浏览器中能够显示出来。

此时的工作窗口中空白，在其中可以绘制新的元件符号部分。如果设计者对于元件部分的划分或者绘制不满意，可以直接删除该部分。具体操作是在元件符号库浏览器件对应部分后，选择 Tools→Remove Component 命令，即可删除该部分。

6.5.7 设置元件符号属性

完成各个部分的绘制后，选择 Tools→Component Properties 命令，会弹出器件属性对话框，如图 6－27 所示。

在图 6－27 中可以设置元件符号的属性。在这里对74LS08 的属性设置如下。

（1）Default Designator：该项设置为 U。

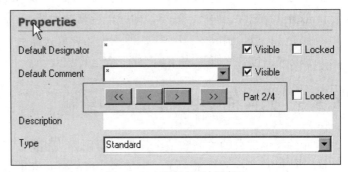

图 6－27　器件属性对话框

（2）Default Comment：该项应该设置为元件符号的名称 74LS08。

在完成属性设置后，该元件的符号也绘制完毕。

注意：同样可以按照前面的 NEC8279 添加封装的方法增加它的封装，增加的步骤不再详述。

6.5.8 分部分元件符号在原理图上的引用

分元件符号在原理图上的引用和普通元件符号引用类似，加载元件所在的元件符号库，在原理图上就可以引用，在原理图上默认放置的将是元件的第 1 个部分。如果想要引用其他部分，双击元件弹出元件属性编辑对话框，在该对话框中有一排按钮，通过单击按钮可以改变在原理图上引用的部分。

任务训练

请利用分部方法绘制元件符号，如图 6－28 所示。

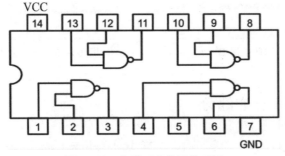

图 6－28　多端口芯片元件符号

任务 6.6 元件的检错和报表

在本任务中，首先学习 Altium Designer 修改元件报错和生成报表；其次，介绍使用 Altium Designer 元件检查错误和报表生成，完成 Altium Designer 原理图元件检验的理论知识储备。在任务实施过程中，首先由教师讲解理论知识，再由学生演示元件检查报错与报表生成。

在 Reports 菜单中提供了元件符号和元件符号库的一系列报表，通过报表可以了解某个元件符号的信息，对元件符号进行自动检查，也可以了解整个元件库的信息。

6.6.1 元件符号信息报表

打开 SCH Library 面板后，选择元件符号库元件列表中的一个元件，选择 Reports→ Component 命令，将自动生成该元件的信息报表。

6.6.2 元件符号错误信息报表

Altium Designer 提供了元件符号错误的自动检测功能。选择 Reports→Component Rule Check 命令，弹出图 6 – 29 所示的 Library Component Rule Check 对话框，在该对话框中可以设置元件符号错误检测的规则。

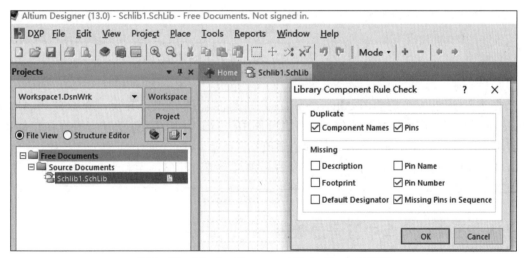

图 6 – 29 **Library Component Rule Check 对话框**

6.6.3 元件符号库信息报表

选择 Reports→Library List 命令，将生成元件符号库信息报表。

任务训练

请利用分部方法绘制元件符号，如图 6 - 30 所示，并生成报表。

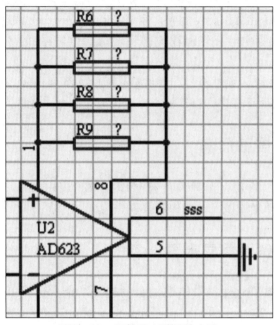

图 6 - 30　运算放大器模块电路

任务 6.7　元件的管理

在本任务中，首先学习 Altium Designer 的元件管理知识；其次，介绍使用 Altium Designer 进行元件库的生成与比较，完成 Altium Designer 原理图元件的基本操作知识储备。在任务实施过程中，首先由教师讲解理论知识，再由学生演示原理图元件管理操作。

在工作面板中可以对元件符号库中的符号进行管理，并提供库和当前设计的原理图之间的通信。

6.7.1　元件符号库中符号的管理

1. 新建元件符号

在元件符号库中，单击"添加"按钮可以新增元件符号。

2. 删除元件符号

3. 编辑元件符号属性

在元件符号库中选择某个元件或者元件符号的某个部分后，单击"编辑"按钮即可编辑该元件符号的属性。

4. 编辑元件符号的引脚

在元件符号库中选择某个元件或者元件符号的某个部分后,在面板中将显示该元件符号的引脚。

6.7.2 元件符号库与当前原理图

在面板中的元件符号列表中选中一个元件,单击"放置"按钮后,系统将跳转到当前的原理图中,鼠标指针上将附加着选中的元件符号,如选中 74LS08 的 A 部分,如图 6 – 31 所示,此时可以在原理图上放置该元件符号,具体的放置操作和前面章节讲述的相同。

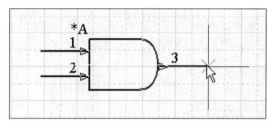

图 6 – 31 自动跳转并附加着元件

◎ 任 务 训 练

请绘制元件符号,如图 6 – 32 和图 6 – 33 所示,分别修改图 6 – 32 第 3 引脚和图 6 – 33 第 14 引脚为高阻态形式。

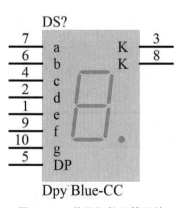

图 6 – 32 共阴极数码管元件

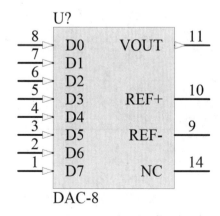

图 6 – 33 数模转换元件

技能实训 6.8 练习

1. 简答题

（1）简述元件符号库的创建方法。

（2）元件符号库的创建主菜单和主工具栏有哪些？

（3）如何设计一个简单的元件符号？写出操作步骤并上机实战。

2. 上机操作

设计一个复杂的元件符号，在建立的项目设计文件（×××.PrjPCB）的 Documents 下新建一个原理图库文件，命名为 X2 – 10. SchLib。

（1）在 X2 – 10. SchLib 中建立图 6 – 34 所示的新元件，命名为 X2 – 10A。

（2）在 X2 – 01. SchLibb 中建立图 6 – 35 所示的新元件，命名为 X2 – 10B。

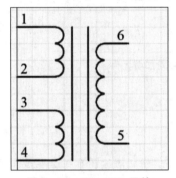

图 6 – 34 X2 – 10A 元件

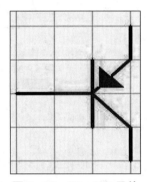

图 6 – 35 X2 – 10B 元件

学习任务评价表

姓名			班级			学号	
课程名称						时间	
任务名称							
一级指标	二级指标	评估标准		权重系数	得分		
					自评	互评	师评
学习态度及学习习惯（20分）	学习态度	1. 上课遵守纪律，专心听讲，勤操作，勤思考。 2. 不迟到，不早退，考勤状况好。 3. 不打瞌睡，不玩手机		10 分			
	学习习惯	1. 认真、按时、独立地完成课堂任务，坚持预习、复习。 2. 上课主动举手，积极回答老师提出的问题，反馈信息。 3. 认真做笔记，课后及时完成老师安排的作业		10 分			
任务成绩及技能作业（50分）	任务成绩	得分公式：任务训练成绩占总评成绩的30%		30 分			
	技能作业	认真独立地完成老师课后布置的作业，并按时上传到线上平台		20 分			
学习能力（30分）	学习方法	1. 能够掌握科学的学习方法。 2. 能够运用已掌握的学习方法解决 EDA 学科中的问题。 3. 课后看视频，登录平台，参与任务讨论并发表讨论话题。 4. 课前有预习和充分准备，课后进行复习并完成作业		10 分			
	收集与处理信息的能力	1. 经常阅读电子线路 EDA 技术有关的课外书籍，关注本学科的前沿知识和热点问题。 2. 会通过网络寻找相关资料。 3. 会利用参考书，图书馆阅览室查阅相关资料		5 分			
	学生操作协作能力	1. 在学习活动中，积极参与，善于合作，能够在与别人的合作中达到学习的目的。 2. 尊重他人的劳动成果，善于动员别人与自己合作并在合作中提高自己的学习能力，加强团队协作意识和创新精神		10 分			

续表

一级 指标	二级 指标	评估 标准	权重 系数	得分		
				自评	互评	师评
学习 能力 （30 分）	个人能力	1. 观察力。 2. 注意力。 3. 记忆力。 4. 思维能力。 5. 扩展能力	5 分			
学习 效果 （10 分）	三维目标	1. 提高学生学习的积极主动性，达到老师要求合格的教学目标。 2. 学会分析和解决问题，锻炼一定的能力。 3. 学生的情感、态度、价值观都得到相应的发展	10 分			
总分						

第三部分　提升篇

项目 7

PCB 封装库文件及元件封装设计

项目导入

在 Altium Designer 中，原理图库和 PCB 封装库是两个核心资源，它们分别用于管理原理图元件和 PCB 封装。电子元器件种类繁多，相应地，其封装形式也可谓五花八门。所谓封装是指安装半导体集成电路芯片用的外壳，它不仅起着安放、固定、密封、保护芯片和增强电热性能的作用，而且还是沟通芯片内部结构与外部电路的桥梁。

芯片的封装在 PCB 板上通常表现为一组焊盘、丝印层上的边框及芯片的说明文字。焊盘是封装中最重要的组成部分，用于连接芯片的引脚，并通过印制板上的导线连接印制板上的其他焊盘，进一步连接焊盘所对应的芯片引脚，完成电路板的功能。在封装中，每个焊盘都有唯一的标号，以区别于封装中的其他焊盘。丝印层上的边框和说明文字主要起指示作用，指明焊盘组所对应的芯片，方便印制板的焊接。焊盘的形状和排列是封装的关键组成部分，确保焊盘的形状和排列正确才能正确地建立一个封装。对于安装有特殊要求的封装，边框也需要绝对正确。

设计者可以通过 Altium Designer 的集成环境轻松地管理和浏览原理图库和 PCB 封装库，以便在电路设计过程中快速选择并使用合适的元件和封装。这些库资源的丰富性和灵活性为设计者提供了更多选择，以便更高效地完成电子设计任务。

知识目标

1. 了解 PCB 封装库的结构和组成；
2. 掌握 PCB 封装的基本概念；
3. 学习 PCB 封装设计的方法和流程。

能力目标

1. 能够使用 Altium Designer 创建和编辑 PCB 封装；

2. 能够根据元件规格设计合适的封装。

素质目标

1. 培养学生创造性思维素质；
2. 培养学生细致和耐心素质；
3. 培养学生较强的逻辑思维素质。

任务7.1 封装库文件管理及编辑环境介绍

在本任务中，首先介绍 Altium Designer 中的封装库文件管理及编辑环境；其次，讲解 Altium Designer 中封装库的相关功能，了解 PCB 设计中封装的作用和意义。在任务实施过程中，由学生进行实践封装库创建、导入和编辑、封装属性的设置和管理。

7.1.1 封装库文件

在绘制 PCB 文件的过程中，如果在现有封装库中无法找到所需的元件封装，此时需要用户创建自己的封装库并且自己绘制元件封装。新建封装库文件的方法很简单，在窗口左侧面板选择 Projects→Add New to Project →PCB Library 命令，系统即在当前工程中新建一个 .PcbLib 文件。也可通过选择 File→New→Library→PCB Library 命令创建封装库文件，如图 7-1 所示。

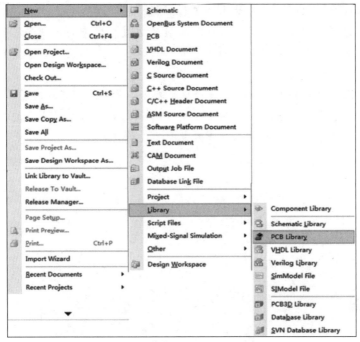

图 7-1　新建 .PcbLib 文件

7.1.2　编辑工作环境介绍

打开 PCB 库文件，系统进入元件封装编辑器，该编辑工作环境与 PCB 编辑器环境类似，如图 7 - 2 所示。元件封装编辑器的左边是 PCB Library 面板，右边是作图区。

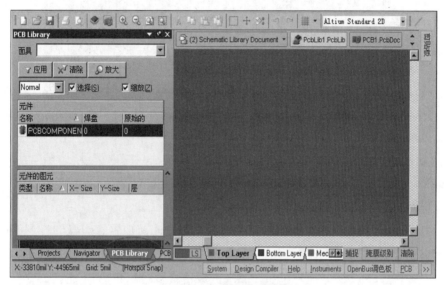

图 7 - 2　元件封装编辑器

任务训练

请使用 Altium Designer 新建一个元件封装库，并命名为 Res3，如图 7 - 3 所示。

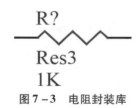

图 7 - 3　电阻封装库

任务 7.2　手动新建元件封装

在本任务中，首先通过创建封装来理解元件封装的结构和属性；其次，讲解手动创建一个新的元件封装，了解电子元件的封装结构和基本特征。在任务实施过程中，掌握手动创建元件封装的基本技能。

在封装库中可以通过手动的方法或借助向导创建元件封装。

元件封装由焊盘和图形两部分组成，这里以图 7-4 所示元件封装为例介绍手动创建元件封装的方法。

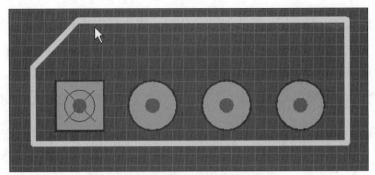

图 7-4 4 个引脚的连接线插座封装

1. 新建元件封装

选择 File→New→Library→PCB Library 命令创建封装库文件。

2. 放置焊盘

在绘图区依次放置元件的焊盘，这里共有 4 个焊盘需要放置，焊盘的排列和间距要与实际元件的引脚一致。双击焊盘弹出"焊盘"属性设置对话框，如图 7-5 所示。

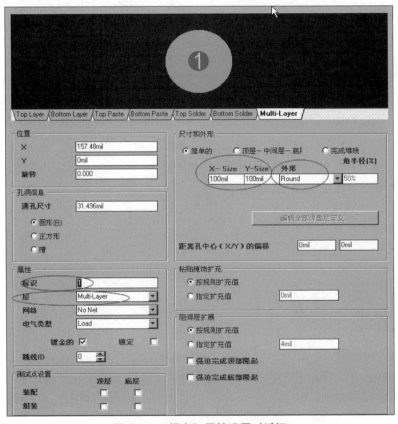

图 7-5 "焊盘"属性设置对话框

在"焊盘"属性设置对话框中主要设置 X – Size、Y – Size、外形、标识、层等属性。放置好的焊盘如图 7 – 6 所示。

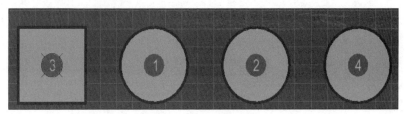

图 7 – 6　放置好的焊盘

3. 绘制图形

在 Top Overlay 层绘制元件的图形，绘制的图形需要参照元件的实际尺寸和外形。绘制图形的方法与绘制原理图和 PCB 版图的方法类似，此处不再赘述，绘制完成后的元件封装如图 7 – 7 所示。

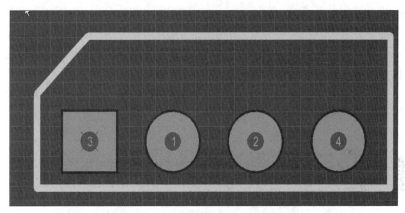

图 7 – 7　4 个引脚的连接线插座封装

⊙ 任 务 训 练

请使用 Altium Designer 手动新建两个元件封装库，如图 7 – 8 所示。

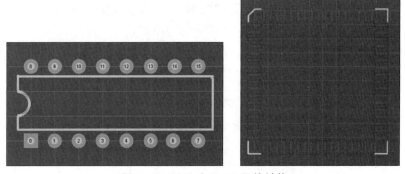

图 7 – 8　SMD 和 SMT 元件封装

任务 7.3　使用向导创建元件封装

在本任务中，首先需要通过向导的步骤来创建封装，了解向导的功能和选项；其次，讲解 Altium Designer 中向导界面，包括向导各步骤和选项，完成电子元件的封装结构和基本特征的知识储备。在任务实施过程中，学会在向导每步骤中仔细填写封装参数，并根据需要进行配置。

（1）在 PCB Library 面板中的“元件”列表栏内右击，系统弹出快捷菜单，选择“元件向导”命令即可启动新建元件封装向导。

（2）单击“下一步”按钮，选择元件的封装类型，这里以双排贴片（SOP）式封装为例，采用英制单位。

（3）单击“下一步”按钮，进入“定义焊盘尺寸”对话框，设置焊盘高度和宽度。

（4）单击“下一步”按钮，进入“定义焊盘布局”对话框。

（5）单击“下一步”按钮，进入“定义外框宽度”对话框，设置用于绘制封装图形轮廓线的宽度。

（6）单击“下一步”按钮，进入“设定焊盘数量”对话框，SOP6 封装左右各 3 个焊盘，注意焊盘必须成对出现。

（7）单击“下一步”按钮，进入“设定封装名称”对话框，输入元件封装的名称，如 SOP6。

（8）单击“下一步”按钮，进入“元件封装向导”完成对话框。

（9）单击“完成”按钮完成元件封装的创建，如图 7-9 所示。

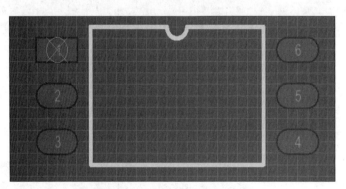

图 7-9　创建好的 SOP6 封装

◎ 任务训练

请使用 Altium Designer 向导方法新建元件封装，如图 7-10 所示。

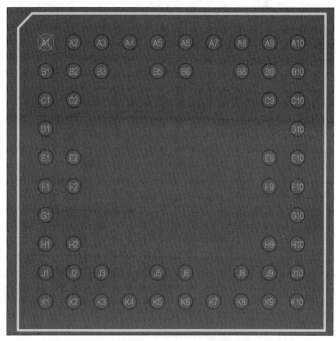

图 7 - 10　BGA 元件封装

任务 7.4　封装库文件与 PCB 文件之间的交互操作

在本任务中，首先理解如何从封装库中选择合适的封装，并应用到 PCB 设计中；其次，讲解封装的尺寸、引脚布局、焊盘形状等方面的匹配，了解电子元件封装与 PCB 布局之间的关系。在任务实施过程中，掌握操作封装库和 PCB 设计工具的界面和执行设计方法。

7.4.1　在 PCB 文件中查看元件封装

在工程中新建的元件封装库将自动被添加到工程的可用元件库列表中，如图 7 - 11 所示。

7.4.2　从 PCB 文件生成封装库文件

打开一个 PCB 文件，如图 7 - 12 所示。

在 PCB 编辑器中选择"设计"→"生成 PCB 库"命令，系统将创建一个与当前 PCB 文件同名的封装库，并将当前 PCB 文件中的所有封装添加到该库中。

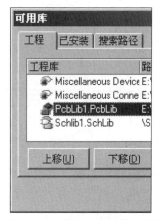

图 7 - 11　工程的可用元件库列表

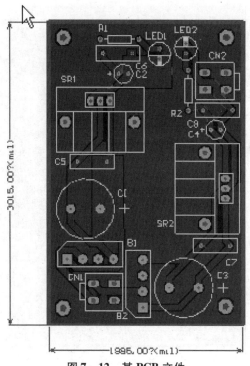

图 7 –12　某 PCB 文件

7.4.3　从封装库文件更新 PCB 文件

注意：选择"工具"→"更新 PCB 器件用当前封装"命令，则处于打开状态的 PCB 文件中与该元件封装同名的封装被替换为新的封装。

任务训练

请使用 Altium Designer 绘制多谐振荡器 PCB，如图 7 –13 所示，并生成封装库。

任务 7.5　修改 PCB 封装

本任务中，首先学习通过修改封装来适应实际设计需求或修正错误；其次，确定任务解析，确定需要修改的封装的具体参数和属性，了解 PCB 设计的基本原理和流程。在任务实施过程中，需掌握保持封装准确性和一致性的知识点，确保修改后的封装符合设计要求。

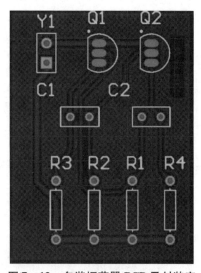

图 7 –13　多谐振荡器 PCB 及封装库

7.5.1 示例芯片的封装信息

我们将绘制一个需要进一步编辑的封装，该封装名称为 SOT223，该封装只有 4 个焊盘，左边 3 个，右边 1 个，如图 7 – 14 所示。

图 7 – 14 SOT223 封装形式

7.5.2 示例芯片的绘制

该示例芯片的封装不规则，可以采用向导绘制规则封装，然后再进行修改即可。

（1）使用向导生成 SOP6 的封装，如图 7 – 15 所示。

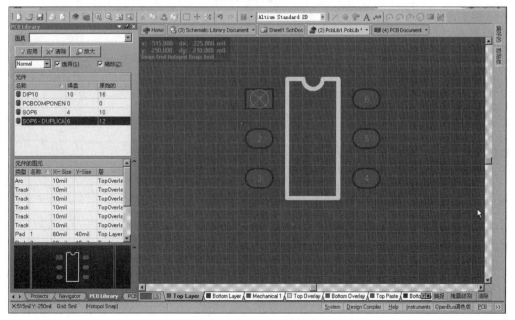

图 7 – 15 SOP6 的封装

（2）删除焊盘 4 和焊盘 6。

（3）编辑焊盘 2 和焊盘 3 的属性，即改变它们的形状为矩形，尺寸为 60 mil × 40 mil，如图 7 –16 所示，选中焊盘并右击，从弹出的快捷菜单中选择"特性"命令，在弹出的对话框中选择"尺寸和外形"选项区域中"外形"下拉列表框的 Rectangular 选项，即可改变形状为矩形。

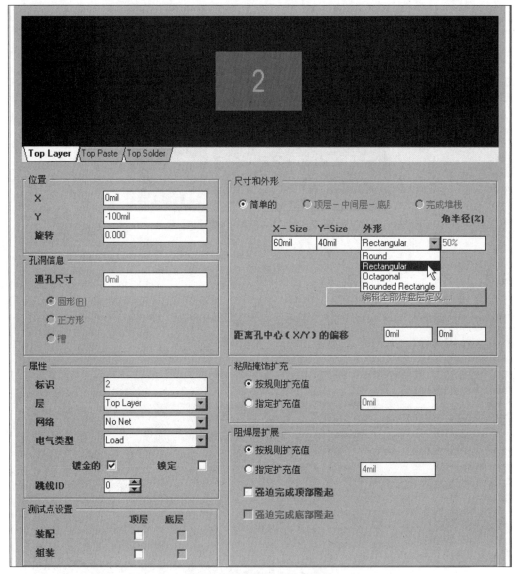

图 7 –16　编辑焊盘 2 的属性

（4）编辑焊盘 5 的属性：改变它的标号为 4，形状为矩形，尺寸为 60 mil × 125 mil。

（5）删除边框中的圆弧，并延长圆弧边上的任意一条线段，构成新的矩形方框。此时封装的修改完成，生成图 7 –17 所示的 SOT223 封装。

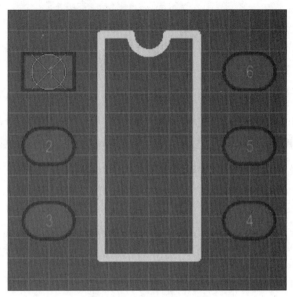

图 7 – 17　SOT223 封装

任务训练

请使用 Altium Designer 绘制图 7 – 18 所示的封装，并将序号按顺时针方向修改。

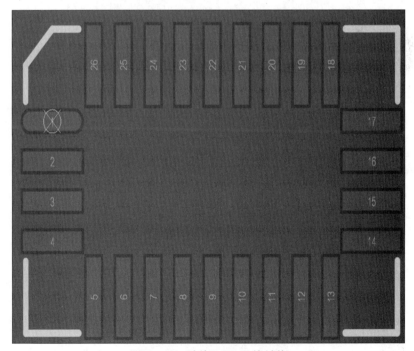

图 7 – 18　贴片 LCC 元件封装

任务 7.6 元件封装管理

在本任务中，首先学习在 Altium Designer 中组织、更新和维护封装库；其次，讲授使用封装库管理工具，包括库文件的导入、导出、创建和编辑，了解封装版本管理和变更记录的基本概念。在任务实施过程中，学会优化封装库的使用，即创建元件别名、更改并使用元件模板等方法。

7.6.1 元件封装管理面板

打开元件封装库文件进入 PCB 封装库编辑器，选择右边标签栏内的 PCB→PCB Library 命令将会打开 PCB Library 面板。PCB Library 面板的顶部是过滤、屏蔽、放大图形等辅助功能，下面依次是"元件"列表框、"元件的图元"列表框及元件封装预览区。当前被选中元件的所有焊盘、直线、圆弧等图元都被显示在"元件的图元"列表框中。

7.6.2 元件封装管理操作

在 PCB Library 面板的"元件"列表框中右击，系统弹出图 7 - 19 所示的快捷菜单，可通过该菜单进行操作。

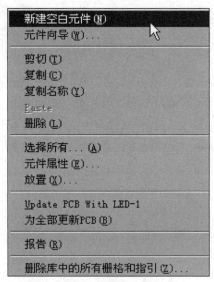

图 7 - 19 快捷菜单

任务训练

请使用 Altium Designer 绘制图 7 - 20 所示的封装，并将封装加载至目标工程中。

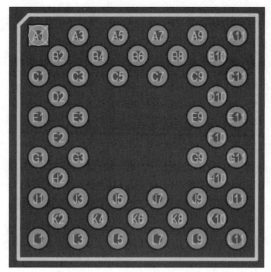

图 7 - 20　贴片 PGA 元件封装

任务 7.7　封装报表文件

在本任务中,首先学习如何在 Altium Designer 中生成、查看和导出封装报表;其次,讲授如何应用封装报表到实际的电路设计中,进一步熟悉 Altium Designer 中的报表生成工具和界面。在任务实施过程中,学会查看生成的封装报表文件,分析其中的封装信息和属性。

7.7.1　设置元件封装规则检查

元件封装绘制好以后,还需要进行元件封装规则检查。在元件封装编辑器中,选择"报告"→"元件规则检查"命令,弹出"元件规则检查"对话框,一般应勾选"丢失焊盘名"和"检查所有元件"复选框。

7.7.2　创建元件封装报表文件

在元件封装编辑器中,选择"报告"→"器件"命令,系统对当前被选中元件生成元件封装报表文件,扩展名为 cmp。

7.7.3　封装库文件报表文件

在元件封装编辑器中,选择"报告"→"库"命令,系统对当前元件封装库生成封装库报表文件,扩展名为 rep。

在元件封装编辑器中,选择"报告"→"库报告"命令,系统弹出"库报告设置"对话框,如图 7 - 21 所示。

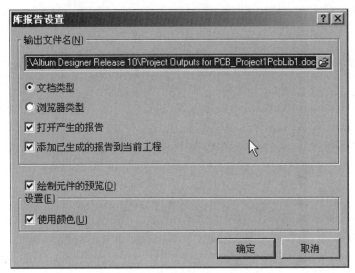

图 7－21 "库报告设置"对话框

任务训练

请使用 Altium Designer 绘制图 7－22 所示的封装，并将封装生成报表文件。

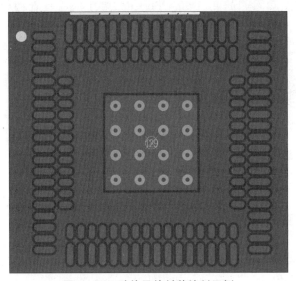

图 7－22 贴片元件封装绘制示例

技能实训 7.8 练习

1. 简答题

（1）如何创建元件封装库？如何从 PCB 文件创建元件封装库？

（2）如何用修改后的元件封装替换 PCB 文件中的元件封装？

（3）如何创建元件封装报表和封装库文件报表？

（4）如何进行元件封装规则检查？

（5）如何剪切、复制、粘贴、删除封装库中的元件封装？

2. 上机操作

绘制图 7 - 23 及图 7 - 24 所示的封装。

在建立的项目设计文件（×××. PrjPCB）的 Documents 下新建一个 PCB 库文件，命名为 7 - 8. PcbLib。

（1）在 7 - 23 - 1. PcbLib 中按图 7 - 23 自制元器件封装，命名为 7 - 23A。

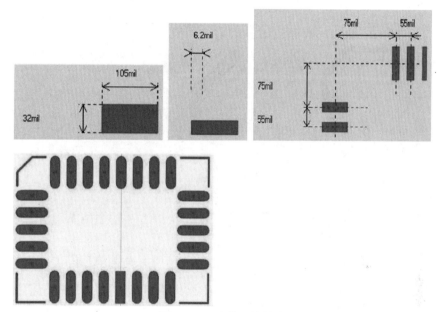

图 7 - 23　贴片元件封装

（2）在 7 - 24 - 2. PcbLib 中按图 7 - 24 自制元器件封装，命名为 7 - 24B。

参数如下。

（1）第 1 焊盘位于原点，焊盘 hole size（孔径）：30 mil，X - Size（X 轴方向直径）：70 mil，Y - Size（Y 轴方向直径）：70 mil，焊盘间距：200 mil。

（2）轮廓圆 radius（半径）：200 mil。

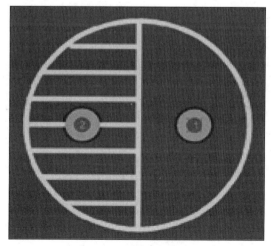

图 7 - 24　直插元件封装

学习任务评价表

姓名		班级			学号	
课程 名称					时间	
任务 名称						

一级 指标	二级 指标	评估 标准	权重 系数	得分		
				自评	互评	师评
学习态度及学习习惯（20分）	学习态度	1. 上课遵守纪律，专心听讲，勤操作，勤思考。 2. 不迟到，不早退，考勤状况好。 3. 不打瞌睡，不玩手机	10分			
	学习习惯	1. 认真、按时、独立地完成课堂任务，坚持预习、复习。 2. 上课主动举手，积极回答老师提出的问题，反馈信息。 3. 认真做笔记，课后及时完成老师安排的作业	10分			
任务成绩及技能作业（50分）	任务成绩	得分公式：任务训练成绩占总评成绩的30%	30分			
	技能作业	认真独立地完成老师课后布置的作业，并按时上传到线上平台	20分			
学习能力（30分）	学习方法	1. 能够掌握科学的学习方法。 2. 能够运用已掌握的学习方法解决EDA学科中的问题。 3. 课后看视频，登录平台，参与任务讨论并发表讨论话题。 4. 课前有预习和充分准备，课后进行复习并完成作业	10分			
	收集与处理信息的能力	1. 经常阅读电子线路EDA技术有关的课外书籍，关注本学科的前沿知识和热点问题。 2. 会通过网络寻找相关资料。 3. 会利用参考书，图书馆阅览室查阅相关资料	5分			
	学生操作协作能力	1. 在学习活动中，积极参与，善于合作，能够在与别人的合作中达到学习的目的。 2. 尊重他人的劳动成果，善于动员别人与自己合作并在合作中提高自己的学习能力，加强团队协作意识和创新精神	10分			

续表

一级 指标	二级 指标	评估 标准	权重 系数	得分		
				自评	互评	师评
学习 能力 （30 分）	个人能力	1. 观察力。 2. 注意力。 3. 记忆力。 4. 思维能力。 5. 扩展能力	5 分			
学习 效果 （10 分）	三维目标	1. 提高学生学习的积极主动性，达到老师要求合格的教学目标。 2. 学会分析和解决问题，锻炼一定的能力。 3. 学生的情感、态度、价值观都得到相应的发展	10 分			
总分						

项目 8

PCB 设计基础

项目导入

通过之前的内容，学习了原理图的相关知识。下面来详细介绍 PCB 的核心内容。

PCB 是指在通用基材上按预定设计形成点间连接及印制元件的印制板，其主要功能是使各种电子元器组件通过电路进行连接，起到导通和传输的作用，是电子产品的关键电子互连件。

PCB 设计基础包括以下主要内容。

（1）电路板结构和层次：了解 PCB 的结构组成，包括基板材料、铜箔层、绝缘层、焊盘和过孔等。同时理解多层 PCB 的层次结构和堆叠方式。

（2）PCB 设计流程：掌握 PCB 设计的整体流程，包括电路原理图设计、封装库使用、PCB 布局设计、布线、设计规则设置、电气规范检查、生成生产文件等。

（3）封装设计：了解封装的概念，学会如何使用封装库选择、创建和编辑元件封装，确保元件在 PCB 布局中的正确放置。

（4）布局设计：学习如何进行 PCB 的布局设计，包括元件摆放、引脚布线、信号和电源地的规划等，以确保电路性能、电磁兼容性（Electro Magnetic Compatibility，EMC）和热管理满足要求。

（5）信号完整性和 EMC 设计：了解信号完整性和 EMC 设计的基本原理，学会如何设计布局以减少信号干扰、电磁辐射等问题。

（6）布线设计：掌握布线技巧，包括差分信号布线、高速信号布线、信号地分离布线等，以确保信号传输质量和可靠性。

（7）设计规则设置：学会设置设计规则，包括最小线宽/线距、最小过孔尺寸、最小焊盘尺寸等，以满足生产工艺要求和 PCB 制造能力。

（8）电气规范检查：学会使用 PCB 设计工具进行电气规范检查，确保电路设计符合电气安全和性能要求。

（9）生产文件生成：学会生成生产所需的文件，如 Gerber 文件、钻孔文件、物料清单

（Bill Of Material，BOM）等，以便向 PCB 制造商提交生产订单。

（10）迭代和优化：掌握迭代和优化的方法，不断改进 PCB 设计，以提高性能、降低成本和缩短开发周期。

🄖 知识目标

1. 理解 PCB 的基本结构、材料和制造工艺；
2. 掌握 PCB 设计的基本流程；
3. 掌握 Altium Designer 软件关于 PCB 设计所需的关键知识。

🄖 能力目标

1. 能够使用 PCB 设计工具进行基本操作；
2. 能够根据实际需求进行封装设计；
3. 能够自主学习 PCB 元件符号。

🄖 素质目标

1. 培养学生分析问题和解决问题的能力；
2. 培养学生团队合作意识和沟通能力；
3. 培养学生持续学习的态度。

任务 8.1　PCB 技术的发展

在本任务中，首先探讨 PCB 技术的关键发展方向、创新点和应用领域；其次，讲解 PCB 技术在不同应用领域的应用情况，掌握电子行业电路设计、元器件特性、电子产品应用等知识。在任务实施过程中，学会分析 PCB 技术发展的影响因素，探讨并迎接其发展趋势和挑战。

几乎每种电子设备都离不开 PCB，因为其提供各种电子元器件固定装配的机械支撑，实现其间的布线和电气连接或电绝缘，提供所要求的电气特性，其制造品质直接影响电子产品的稳定性和使用寿命，并且影响系统产品整体竞争力，有"电子产品之母"之称。作为电子终端设备不可或缺的组件，PCB 产业的发展水平在一定程度体现了国家或地区电子信息产业发展的速度与技术水准。随着 PCB 的不断发展，目前，一些公司已经成功生产了 $1+N+1$ 和 $2+N+2$ 结构的高密度互连技术（High Density Interconnect，HDI）电路板，12~24 层的多层电路板，3~4 mil 线宽的精细电路板，高频率和高性能物料的电路板，以及带有不同表面处理的电路板。

PCB 技术的发展在过去几十年中取得了巨大的进步，主要体现在以下几个方面。

（1）材料技术的进步：PCB 材料的不断创新和发展，使 PCB 板材的性能得到了显著提高。例如，高频材料的应用使 PCB 在高频电路设计中具有更好的性能，而高速数字电路则需要具有更高信号完整性的材料。

（2）HDI 的发展：随着电子产品的小型化和功能增强，PCB 上的线路密度和器件集成度不断增加。HDI 的发展使得 PCB 板层数量增加、线路宽窄比增大、盲埋孔和埋入式被动器件的应用增多，从而实现更复杂的电路功能和更紧凑的 PCB 设计。

（3）柔性电路板（Flexible Printed Circuit，FPC）技术的突破：柔性电路板和刚柔结合板（Rigid - Flexible Circuit）的应用逐渐增多。柔性电路板具有良好的柔韧性和弯曲性，适用于对 PCB 形状和空间有特殊要求的场景，如可穿戴设备、柔性显示器等。

（4）SMT 的成熟：随着 SMT 的发展，PCB 的组装工艺更加高效、可靠。微型化、高密度、高速化的表面贴装元件得到广泛应用，提高了电路板的性能和可靠性。

（5）智能化和功能集成：PCB 技术的发展也推动了智能化和功能集成的趋势。PCB 上集成了各种传感器、通信模块、微处理器等功能模块，使电子产品具有更丰富的功能和更高的智能化水平。

（6）数字化设计和制造：数字化设计和制造技术的应用使 PCB 设计和制造过程更加高效、精准。CAD 软件的发展和模拟仿真技术的成熟，使设计工程师能够更准确地进行电路设计和性能分析。同时，计算机辅助制造（Computer - Aided Manufacturing，CAM）技术的应用也使 PCB 制造过程更加自动化和精密化。

（7）环保和可持续发展：随着环保意识的增强，PCB 制造技术也在朝着环保和可持续发展的方向发展，如采用绿色材料、节能技术和循环利用等手段，以减少对环境的影响，保护地球生态环境。

总的来说，PCB 技术的发展不仅推动了电子产品的不断创新和升级，也促进了工业制造的数字化、智能化和可持续发展。随着科技的不断进步和需求的不断变化，PCB 技术将继续迎来新的发展机遇和挑战。

任务训练

请使用思维导图绘制 PCB 技术的发展方面。

任务 8.2　PCB 的分类

在本任务中，首先介绍 PCB 的基本概念和组成结构；其次，讲解 PCB 的分类依据，使学生对 PCB 的基本结构和制造工艺有一定的了解。在任务实施过程中，分析不同类型 PCB 的实际应用案例，了解使用情况和特点。

PCB 的常规分类方法有三种：按导电图形层数分类、按基材结构分类、按产品结构分类。

各分类具体情况如下。

1. 按导电图形层数分类

单面板（Single - Sided PCB）：绝缘基板上仅一面具有导电图形的 PCB，是最基本的PCB。在单面板上，零件集中在其中一面，导线也集中在一面上。因为导线只出现在一面，所以称为单面板，主要应用于较为早期的电路和简单的电子产品。

双面板（Double - Sided PCB）：在双面敷铜板的正、反两面压上干膜感光法即曝光影像转移，再通过显影后蚀刻出双面图形线路的 PCB，双面图形线路是通过钻孔后的电镀孔金属化，使两面的导线相互连通的。

多层板（Multi - Layer PCB）：具有四层或更多层导电图形的 PCB，层间有绝缘介质粘合，并有导通孔互连。此类产品是先制作成单张或多张双面线路的芯板，芯板与半固化片绝缘介质间隔组合后，再通过压合工艺制作成多层板。

2. 按基材结构分类

刚性板：由不易弯曲、具有一定强韧度的刚性基材制成，具有抗弯能力，可以为附着其上的电子元件提供一定的支撑。刚性基材包括玻纤布基板、纸基板、复合基板、陶瓷基板、金属基板、热塑性基板等。

挠性板：指用柔性的绝缘基材制成的 PCB。它可以自由弯曲、卷绕、折叠，可依照空间布局要求任意安排，并在三维空间任意移动和伸缩，从而实现元器件装配和导线连接一体化。

刚挠结合板：指在一块 PCB 上包含一个或多个刚性区和挠性区，将薄层状的挠性 PCB 底层和刚性 PCB 底层结合层压而成。其优点是既可以提供刚性板的支撑作用，又具有挠性板的弯曲特性，能够满足三维组装需求。

3. 按产品结构分类

（1）厚铜板：厚铜板是指任何一层铜厚为 3 oz 及以上的 PCB。厚铜板可以承载大电流和高电压，同时具有良好的散热性能，厚铜板由于线路铜厚较厚，对 PCB 加工工艺要求高，主要体现如下。

①线路蚀刻：为了控制厚铜板蚀刻的均匀性，对蚀刻药液的自动添加控制系统和真空蚀刻设备有较高要求，且需多次蚀刻和蚀刻因子的管控来保证线路的质量。

②压合：内层基材区与厚铜区的高低落差大，半固化片填胶不足，热冲击后易分层爆板。如用多张半固化片增加填胶量，则有流胶大导致压合滑板的风险。对压合方式、半固化材料选取，以及铆合热熔等工艺精度有较高要求。

③钻孔：厚铜板对钻针磨损大，容易发生断钻、槽孔变形以及孔壁粗糙度和内层钉头超标等质量问题，要求采用高硬度和特殊排屑结构的钻针，匹配高转速、低进刀速的钻孔参数等。

④防焊：基材区和厚铜区高低落差大，多次印刷后油墨较厚，线路间易发生油墨气泡不良。曝光前预烤油墨干燥不足、硬度不够会导致曝光菲林印。需要采用 LINE MASK 印刷技术，多波段 LED 平行曝光机，显影喷嘴锥形和扇形间隔搭配设计等进行特殊处理。

（2）高频板：High - Frequency PCB 又称高频通信电路板、射频电路板等，是指使用特殊的低介电常数、低信号损耗材料生产出来的 PCB，具有较高的电磁频率。一般来说，高频可定义为频率在 1 GHz 以上。高频板对信号完整性要求较高，材料加工难度较大，具体体现在对图形精度、层间对准度和阻抗控制方面要求更为严格，化学除胶无法解决内层互联缺陷功能性异常，需要增加等离子除胶流程等，因而价格较高。

（3）高速板：高速板是由低信号损耗的高速材料压制而成的 PCB，主要承担芯片组间与芯片组与外设间高速电路信号的数据传输、处理与计算，以实现芯片的运算及信号处理功能。高速板对精细线路加工、特性阻抗控制技术及插入损耗控制要求较高。

（4）HDI 板：又称微孔板或积层板。HDI 是 PCB 技术的一种，可实现高密度布线，常用于制作高精密度电路板。HDI 板一般采用积层法制造，采用激光打孔技术对积层进行打孔导通，使整块 PCB 形成了以埋、盲孔为主要导通方式的层间连接。HDI 板使 PCB 朝着高密度化、精细导线化、微小孔径化等方向发展。

（5）金属基板：金属基板是由金属基材、绝缘介质层和电路层三部分构成的复合 PCB。金属基板具有散热性好、机械加工性能佳等特点，主要应用于发热量较大的电子系统中。

（6）封装基板：指 IC 封装载板，直接用于搭载芯片，可为芯片提供电连接、保护、支撑、散热、组装等功能，以实现多引脚化、缩小封装产品体积、改善电性能及散热性、超高密度或多芯片模块化的目的。封装基板属于交叉学科的技术，它涉及电子、物理、化工等知识。

任务训练

请使用思维导图绘制 PCB 的分类。

任务 8.3　PCB 设计中的术语

在本任务中，首先介绍 PCB 设计中常用的术语和专业名词；其次，演示和说明这些术语在实际 PCB 设计过程中的应用，了解一些基本的制造工艺和生产流程，包括焊接、喷锡等。在任务实施过程中，由学生论述 PCB 设计中常见术语的定义和用法。

8.3.1　PCB

图 8-1 所示是一块计算机主板局部 PCB。

图 8-1　计算机主板局部 PCB

8.3.2　过孔

过孔（Via）是为连通不同层之间的导线而在 PCB 上钻的孔，孔壁上镀有金属，以连通各层间的铜箔，如图 8 - 2 所示。

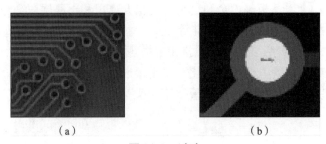

（a）　　　　　　　　　　　　　（b）

图 8 - 2　过孔

（a）PCB 背面的过孔；（b）Altium Designer 软件中的过孔

8.3.3　焊盘

焊盘（Pad）是 PCB 设计中最常见的术语，它有多种形式，如圆形、方形和八角形等，根据元件不同又分为通孔式焊盘和表贴式焊盘，通孔式焊盘需要钻孔，而表贴式焊盘不用钻孔，如图 8 - 3 所示。

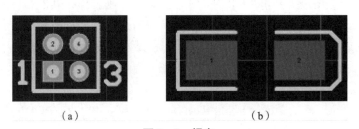

（a）　　　　　　　　　　　　　（b）

图 8 - 3　焊盘

（a）通孔式焊盘；（b）表贴式焊盘

8.3.4　飞线

飞线是由系统根据网络表自动生成的，它只是在形式上表示出各个焊盘间的连接关系，没有物理的电气连接意义，如图 8 - 4 所示。

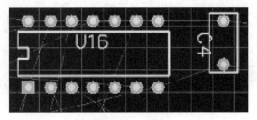

图 8 - 4　飞线

8.3.5　铜箔导线

PCB 上用于物理连接的铜箔通常被称为铜箔导线，简称导线或走线，如图 8-5 所示。

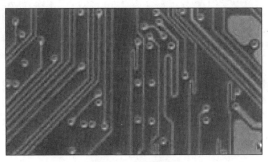

图 8-5　铜箔导线

8.3.6　安全距离

安全距离是指布线时规定的导线与导线、导线与焊盘、焊盘与焊盘、焊盘与过孔之间的最小距离，在 PCB 设计过程中，如果布线小于安全距离则被视为不安全的电气布线。

8.3.7　板框

PCB 的外形尺寸是由板框来定义的，板框分为机械板框和电气板框。机械板框用来定义电路板的物理边界，即电路板实际的外形尺寸，如图 8-6 所示。

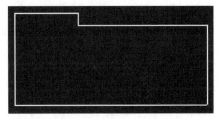

图 8-6　PCB 的机械板框

8.3.8　网格状填充区和矩形填充区

网格状填充区又称"敷铜"，"敷铜"最重要的目的就是提高电路板的抗干扰能力，如图 8-7 所示。矩形填充区可以用来连接焊点，具有导线的功能，如图 8-8 所示。

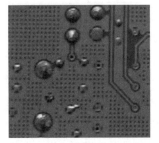

图 8-7　PCB 上的网格状填充区

图 8-8　PCB 上的矩形填充区

图 8 – 9   PCB 上的阻焊膜

8.3.9   各类膜（Mask）

按"膜"所处的位置及其作用，"膜"可分为助焊膜和阻焊膜两类。阻焊膜如图 8 – 9 所示。

8.3.10   层（Layer）的概念

Altium Designer 支持多种类型的工作层面，包括信号层、内部电源/接地层（Internal Plane Layer）、机械层（Mechanical Layer）、屏蔽层、丝印层等。下面分别介绍各种层的含义及作用。

1. 机械层

机械层是定义整个 PCB 板外观的，它一般用于设置电路板的外形尺寸、数据标记、对齐标记、装配说明以及其他的机械信息。这些信息因设计公司或 PCB 制造厂家的要求而有所不同，Altium Designer 提供了 16 个机械层，另外，机械层可以附加在其他层上一起输出显示。

2. 阻焊层（Solder Mask）

Altium Designer 提供了顶层（Top Solder）和底层（Bottom Solder）两个阻焊层，是 Protel PCB 对应于电路板文件中的焊盘和过孔数据自动生成的板层，主要用于铺设阻焊漆。本板层采用负片输出，所以板层上显示的焊盘和过孔部分代表电路板上不铺阻焊漆的区域，也就是可以进行焊接的部分。

因为它是负片输出，所以实际上有阻焊层的部分实际效果并不上绿油，而是镀锡，呈银白色。在焊盘以外的各部位涂覆一层涂料，如防焊漆，用于阻止这些部位上锡。阻焊层用于在设计过程中匹配焊盘，是自动产生的。

阻焊盘是指板子上要上绿油的部分。实际上这个阻焊层使用的是负片输出，所以在阻焊层的形状映射到板子上以后，并不是上了绿油阻焊，反而是露出了铜皮。通常为了增大铜皮的厚度，采用阻焊层上划线去绿油，然后加锡达到增加铜线厚度的效果。

在焊盘以外的各部位涂覆一层涂料，通常用的有绿油、蓝油等，用于阻止这些部位上锡。阻焊层用于在设计过程中匹配焊盘，是自动产生的。阻焊层是负片输出，阻焊层的地方不盖油，其他地方盖油。

3. 助焊层（Paste Mask Layer，SMD 贴片层）

它和阻焊层的作用相似，不同的是在机器焊接时对应的表面粘贴式元件的焊盘。Altium Designer 提供了顶层助焊层（Top Paste）和底层助焊层（Bottom Paste）两个助焊层。主要针对 PCB 板上的 SMD 元件。在将 SMD 元件贴 PCB 板上以前，必须在每一个 SMD 焊盘上先涂上锡膏，加工涂锡用的钢网就一定需要这个 Paste Mask 文件，菲林胶片才可以加工出来。助焊层的 Gerber 输出最重要的一点要清楚，即这个层主要针对 SMD 元件，同时将这个层与上面介绍的阻焊层作一比较，弄清两者的不同作用，因为从菲林胶片图中看这两个胶片图很相似。

4. 信号层

信号层主要用于布置电路板上的导线。Altium Designer 提供了 32 个信号层，包括顶层（Top Layer）、底层（Bottom Layer）和 32 个内电层。

5. 锡膏层（Past Mask）

有顶部锡膏层（Top Past Mask）和底部锡膏层（Bottom Past Mask）两层，它就是指可以看到的露在外面的铜铂，比如，在顶层布线层画了一根导线，这根导线在 PCB 上所看到的只是一根线而已，它是被整个绿油盖住的，但是在这根线的位置上的顶部锡膏层上画一个方形，或一个点，所打出来的板上这个方形和这个点就没有绿油了，而是铜铂。

它和阻焊层的作用相似，不同的是在机器焊接时对应的表面粘贴式元件的焊盘。

6. 禁止布线层（Keep Out Layer）

用于定义在电路板上能够有效放置元件和布线的区域。在该层绘制一个封闭区域作为布线有效区，在该区域外是不能自动布局和布线的。

用于绘制印制板外边界及定位孔等镂空部分，也就是说先定义了禁止布线层后，在以后的布线过程中，所布的具有电气特性的线是不可能超出禁止布线层的边界。作用是绘制禁止布线区域，如果印制板中没有绘制机械层的情况下，印制板厂家的人会以此层来作为 PCB 外形来处理。如果禁止布线层和机械层都有的情况下，默认是以机械层为 PCB 外形，但印制板厂家的技术人员会自己去区分，但是区分不出来的情况下他们会默认以机械层当外形层。

7. 内部电源/接地层

Altium Designer 提供了 32 个内部电源/接地层。该类型的层仅用于多层板，主要用于布置电源层和接地层。一般所称双层板、四层板、六层板，是指信号层和内部电源/接地层的数目。

8. 多层（Multi – Layer）

电路板上焊盘和穿透式过孔要穿透整个电路板，与不同的导电图形层建立电气连接关系，通常与过孔或通孔焊盘设计组合出现，用于描述孔洞的层特性。电路板上焊盘和穿透式过孔要穿透整个电路板，与不同的导电图形层建立电气连接关系，因此系统专门设置了一个抽象的层——多层。一般，焊盘与过孔都要设置在多层上，如果关闭此层，焊盘与过孔就无法显示出来。

9. 钻孔层（Drill）

钻孔层提供电路板制造过程中的钻孔信息（如焊盘、过孔就需要钻孔）。Altium Designer 提供了 Drill Guide（钻孔引导层）和 Drill Drawing（过孔钻孔层）两个钻孔层。

10. 丝印层

丝印层主要用于放置印制信息，如元件的轮廓和标注，各种注释字符等。Altium Designer 提供了顶层丝印层（Top Overlayer）和底层丝印层（Bottom Overlayer）两个丝印层。

8.3.11　SMD 元件

表面贴装式元件（Surface Mounted Devices，SMD），又称表贴式元件。SMD 元件的特点是焊盘分布在同一个面上，而且焊盘不用钻孔，如图 8 - 10 所示。

图 8 - 10　PCB 上的 SMD 元件及反面的焊盘

◎ 任务训练

请使用思维导图绘制 PCB 技术的各种名词释义。

任务 8.4　元件封装

在本任务中，首先介绍元件封装的概念、分类、设计原则以及封装库使用方法；其次，根据封装结构、引脚数、尺寸因素，介绍常见元件封装类型，进一步了解一些电子元件的基本概念和特性。在任务实施过程中，学生可以组织小组讨论，共同分享经验和技巧。

元件的封装技术一般分为通孔式元件封装技术（Through Hole Technology，THT）和 SMT。在一块 PCB 上经常会看到不同封装类型，如手机的集成电路一般都是采用 BGA 封装，但其安装和焊接技术仍采用的是 THT 或 SMT。

8.4.1　几种常用芯片的封装

1. DIP 封装
双列直插式封装（Double In - line Package，DIP）如图 8 - 11 所示。

2. PQFP 封装
塑料方形扁平式封装（Plastic Quad Flat Package，PQFP）如图 8 - 12 所示。

图 8 - 11　DIP 封装　　　　　　　图 8 - 12　PQFP 封装

3. BGA 封装

栅格阵列锡球（Ball Grid Array，BGA）封装如图 8 - 13 所示。

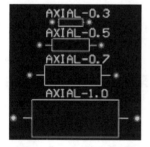

图 8 - 13 BGA 封装

8.4.2 几种常用元件的封装

1. 电阻

AXIAL - 0.3 ~ AXIAL - 1.0 封装，适用于电阻类无源元件，也可适用于电感，数字表示焊盘间距，单位为 in①，如图 8 - 14 所示。

2. 电容

RAD - 0.1 ~ RAD - 0.4 封装，适用于无极性电容元件，数字表示焊盘间距，单位为 in，如图 8 - 15 所示。

CAPPR×× - y×z 封装，适用于有极性电容，横杠前的数字×× 表示焊盘间距，横杠后的 y×z 表示电容外径×电容高度，单位为 mm，如图 8 - 16 所示。

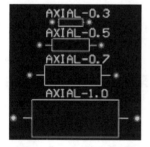

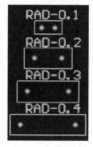

图 8 - 14 AXIAL 封装   图 8 - 15 RAD 封装   图 8 - 16 CAPPR 封装

3. 三极管

TO - ××× 封装，适用于各种不同类型的晶体管，××× 表示类型编号，如图 8 - 17 所示。

4. 二极管

DIODE0.4 ~ DIODE0.7 封装，适用于二极管，数字表示焊盘直径，如图 8 - 18 所示。

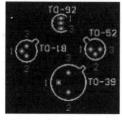

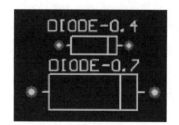

图 8 - 17 TO 封装   图 8 - 18 DIODE 封装

---

① in：英寸，1 in = 2.54 cm。

5. 集成电路

DIP－××封装，适用于采用双列直插式封装的集成电路，××表示引脚数，如图 8－19 所示。

6. 连接器

MHDR$x \times y$封装，适用于连接器，$x \times y$表示有 x 行 y 列个引脚，如图 8－20 所示。

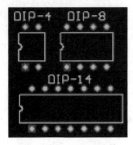

图 8－19　DIP 封装

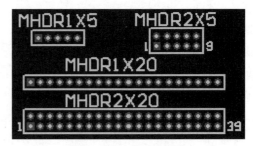

图 8－20　MHDR 封装

任务训练

请使用思维导图绘制 PCB 技术的常见元件封装。

任务 8.5　PCB 板层结构

在本任务中，首先介绍不同类型的 PCB 板层结构；其次，演示和说明对比不同类型 PCB 板层结构的优缺点，对 PCB 的基本概念、制造工艺和设计流程有一定了解。在任务实施过程中，学习者可以组织小组讨论，分享对不同类型 PCB 板层结构理解和认识。

当涉及 PCB 的结构时，单面板、双面板和多层板是三种常见的类型，它们在电路设计和制造中具有不同的特点和应用场景。

1. 单面板

（1）结构描述：单面板由一层基材构成，其中一侧覆盖有一层铜箔。电路线路和元件安装在铜箔覆盖的一侧，通过穿孔（通孔）连接元件和线路，完成电路连接。

（2）特点：单面板的制造成本相对较低，设计简单，适用于简单的电路设计和低成本的应用。由于只有一层导电层，因此功能和复杂度受到限制。

（3）应用场景：单面板常用于简单的电子产品，如电子玩具、家用电器、LED 照明等。

2. 双面板

（1）结构描述：双面板由两层基材构成，每一层都覆盖有铜箔，形成双层导电层。电路线路可以通过两层之间的连接来实现，通常通过穿孔（通孔）来连接两层铜箔。

（2）特点：双面板相比单面板具有更高的布线密度和更灵活的布线设计。它们可以实现比单面板更复杂的电路设计，并提供更好的电路性能和稳定性。

（3）应用场景：双面板广泛应用于中等复杂度的电子产品，如消费类电子产品、工业控制设备、通信设备等。

3. 多层板

（1）结构描述：多层板由多层基材和多层铜箔组成，其中交错层与铜箔覆盖的内部层具有电气连接。通过在不同层之间创建层间连接孔（盲孔、埋孔或通过孔）来连接不同层的电路。

（2）特点：多层板具有更高的布线密度、更好的电路性能和更高的抗干扰能力。它们可以容纳更复杂的电路设计，并提供更大的设计自由度。

（3）应用场景：多层板广泛应用于高性能和高密度的电子产品，如计算机、通信基站、医疗设备等。它们能够满足对性能、稳定性和可靠性要求较高的应用需求。

综上所述，单面板、双面板和多层板在 PCB 设计和制造中具有不同的特点和应用场景。选择合适的板层结构类型取决于设计要求、成本预算、性能需求以及制造可行性等因素。

任务训练

请使用思维导图绘制 PCB 技术的板层结构类型和特点。

任务 8.6　电路板文件设计一般步骤

在本任务中，首先介绍从需求分析到生产制造的整个设计流程；其次，讨论如何进行电路板设计项目的需求分析，了解电路板制造流程和制造文件的导出要求。在任务实施过程中，学习者可以组织小组讨论，分享对电路板文件设计步骤的理解和认识。

在进行电路板文件设计时，需要做以下 10 点工作。

1. 需求分析和规划

（1）确定项目的需求和规格要求，包括电路功能、性能指标、尺寸限制、接口需求等。

（2）制订项目计划，确定设计周期、人员分工、资源需求等。

2. 原理图设计

（1）根据需求和功能要求，在电路设计软件中绘制原理图。将电路按照功能模块进行分解，每个模块用相应的符号表示，连接元件的引脚或节点。

（2）选择合适的元件封装并添加到原理图中，确保符合电路设计要求。

3. 封装设计和选择

（1）对于原理图中使用的元件，选择现有的封装或者设计新的封装。确保封装的尺寸、引脚布局和电气特性符合设计要求。

（2）确保元件的封装信息与原理图中的元件相匹配，以便后续的 PCB 布局和布线。

4. PCB 布局设计

（1）根据原理图和元件封装信息，在 PCB 设计软件中进行布局设计。放置各个元件并合理布局，需综合考虑电路功能、信号传输路径、电源分配、散热等因素。

（2）确保元件之间的距离和连接路径合适，避免布局中的冲突和混乱。

5. 布线设计

（1）在完成布局后，进行布线设计。通过连接各个元件的引脚或节点，绘制电路板上的导线路径，确保信号传输和电源分配的正常运行。

（2）优化布线路径，最小化信号干扰和串扰，同时确保电路板的稳定性和可靠性。

6. 设计规则检查

（1）进行设计规则检查，确保布局和布线符合设计规范和标准。检查内容包括安全间距、最小线宽、最小间距、过孔连接等。

（2）确保设计在生产制造过程中不会出现问题或错误。

7. 导出制造文件

（1）完成布局和布线后，导出制造文件，包括生成 Gerber 文件、钻孔文件、装配文件等，用于制造厂商进行生产加工。

（2）确保导出的文件格式和参数符合制造厂商的要求，以确保生产过程的顺利进行。

8. 生产制造

将导出的制造文件发送给 PCB 制造厂商，进行电路板的生产制造。制造完成后，进行质量检查和测试，确保生产的电路板符合设计要求和标准。

9. 装配测试

将制造好的电路板进行元件的焊接和组装。然后进行功能测试和性能验证，确保电路板的正常运行和稳定性。

10. 优化和改进

根据测试结果和反馈意见，对电路板进行优化和改进。可以调整布局、布线，更新封装，优化信号传输路径等，以提高性能和可靠性。

⊙ 任务训练

请使用思维导图绘制 PCB 设计的一般流程。

技能实训 8.7　练习

1. 填空题

（1）Altium Designer 支持 6 种类型的工作层面，包括_____、_____、_____、_____、_____和_____。

（2）元件的封装按照其使用的安装焊接技术通常分为_____和_____两大类。

（3）根据电路板的结构，PCB 可以分为_____、_____、_____。

2. 简答题

（1）简述过孔和焊盘的区别。

（2）简述飞线和导线的区别。

（3）简述通孔式元件和表贴式元件的区别。

（4）简述 PCB 的设计步骤。

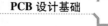

学习任务评价表

姓名		班级			学号	
课程 名称					时间	
任务 名称						

一级 指标	二级 指标	评估 标准	权重 系数	得分		
				自评	互评	师评
学习态 度及学 习习惯 （20分）	学习 态度	1. 上课遵守纪律，专心听讲，勤操作，勤思考。 2. 不迟到，不早退，考勤状况好。 3. 不打瞌睡，不玩手机	10分			
	学习 习惯	1. 认真、按时、独立地完成课堂任务，坚持预习、复习。 2. 上课主动举手，积极回答老师提出的问题，反馈信息。 3. 认真做笔记，课后及时完成老师安排的作业	10分			
任务成 绩及技 能作业 （50分）	任务 成绩	得分公式：任务训练成绩占总评成绩的30%	30分			
	技能 作业	认真独立地完成老师课后布置的作业，并按时上传到线上平台	20分			
学习 能力 （30分）	学习方法	1. 能够掌握科学的学习方法。 2. 能够运用已掌握的学习方法解决 EDA 学科中的问题。 3. 课后看视频，登录平台，参与任务讨论并发表讨论话题。 4. 课前有预习和充分准备，课后进行复习并完成作业	10分			
	收集与 处理信 息的能力	1. 经常阅读电子线路 EDA 技术有关的课外书籍，关注本学科的前沿知识和热点问题。 2. 会通过网络寻找相关资料。 3. 会利用参考书，图书馆阅览室查阅相关资料	5分			
	学生操 作协作 能力	1. 在学习活动中，积极参与，善于合作，能够在与别人的合作中达到学习的目的。 2. 尊重他人的劳动成果，善于动员别人与自己合作并在合作中提高自己的学习能力，加强团队协作意识和创新精神	10分			

一级指标	二级指标	评估标准	权重系数	得分		
				自评	互评	师评
学习能力（30分）	个人能力	1. 观察力。 2. 注意力。 3. 记忆力。 4. 思维能力。 5. 扩展能力	5分			
学习效果（10分）	三维目标	1. 提高学生学习的积极主动性，达到老师要求合格的教学目标。 2. 学会分析和解决问题，锻炼一定的能力。 3. 学生的情感、态度、价值观都得到相应的发展	10分			
总分						

项目 9

PCB 设计软件基础

项目导入

在电子设计中，PCB 是设计内容的物理载体，所有设计意图的最终实现就是通过 PCB 板来表现的，因此 PCB 设计在任何项目中是不可缺少的一个环节。

本项目主要介绍 PCB 的结构、PCB 编辑器的特点、设计界面、视图操作、布线设计、手动及自动布线等知识，以使学生对电路板的设计有一个全面的了解。

知识目标

1. 理解 PCB 的基本概念和组成结构；
2. 掌握 PCB 设计的基本流程和方法；
3. 掌握 Altium Designer 关于 PCB 设计所需的关键知识。

能力目标

1. 能够根据电路原理图进行 PCB 布局设计，合理放置元件；
2. 能够使用 PCB 设计软件进行布线设计；
3. 能够进行 PCB 设计规则检查，确保设计符合标准和规范。

素质目标

1. 培养学生具备良好的学习态度和自主学习意识；
2. 培养学生的团队合作意识和沟通能力；
3. 培养学生持续学习的态度。

任务 9.1　PCB 编辑器的功能特点

在本任务中，首先，介绍 PCB 编辑器的功能特点；其次，通过示例演示如何使用 PCB 编辑器中的各项功能，使学生具备基本的电路设计和 PCB 设计知识。在任务实施过程中，学生可以组织小组讨论，分享对 PCB 编辑器功能的理解和使用经验。

Altium Designer 的 PCB 设计功能非常强大，能够支持复杂的 32 层 PCB 设计，但是在每一个设计中无须使用所有的层次。例如，如果项目的规模比较小，双面走线的 PCB 板就能提供足够的走线空间，此时只需要启动顶层和底层的信号层以及对应的机械层、丝印层等即可，无须任何其他的信号层和内部电源层。

Altium Designer 的 PCB 编辑器提供了一条设计 PCB 的快捷途径，PCB 编辑器通过它的交互性编辑环境将手动设计和自动化设计完美融合。PCB 的底层数据结构最大限度地考虑了用户对速度的要求，通过对功能强大的设计法则的设置，用户可以有效地控制 PCB 的设计过程。对于特别复杂的、有特殊布线要求的、计算机难以自动完成的布线工作，可以选择手动布线。总之，Altium Designer 的 PCB 设计系统功能强大而方便，它具有以下的功能特点。

1. 丰富的设计法则

电子工业的飞速发展对 PCB 的设计人员提出了更高的要求。为了能够成功设计出一块性能良好的电路板，用户需要仔细考虑电路板阻抗匹配、布线间距、走线宽度、信号反射等各项因素，而 Altium Designer 强大的设计法则极大地方便了用户。Altium Designer 提供了超过 25 种设计法则类别，覆盖了设计过程中的方方面面。这些定义的法则可以应用于某个网络、某个区域，以至整个 PCB 板上，这些法则互相组合能够形成多方面的复合法则，使用户迅速地完成 PCB 的设计。

2. 易用的编辑环境

与 Altium Designer 的原理图编辑器一样，PCB 编辑器完全符合 Windows 应用程序风格，操作起来非常简单，编辑工作非常自然直观。

3. 合理的元件自动布局功能

Altium Designer 提供了好用的元件自动布局功能，计算机将根据原理图生成的网络报表对元件进行初步布局。用户的布局工作仅限于元件位置的调整。

4. 高智能的基于形状的自动布线功能

Altium Designer 在 PCB 的自动布线技术上有了长足的进步。在自动布线的过程中，计算机将根据定义的布线规则，并基于网络形状对电路板进行自动布线。自动布线可以在某个网络、某个区域直至整个电路板的范围内进行，这大大减轻了用户的工作量。

5. 易用的交互性手动布线

对于有特殊布线要求的网络或者特别复杂的电路设计，Altium Designer 提供了易用的手动布线功能。电气格点的设置使手动布线时能够快速定位连线点，操作起来简单而准确。

6. 强大的封装绘制功能。

Altium Designer 提供了常用的元件封装，对于超出 Altium Designer 自带元件封装库的元件，可以在封装编辑器中方便地绘制出来。此外，Altium Designer 采用库的形式来管理新建封装，使得在一个设计项目中绘制的封装，在其他的设计项目中能够得到引用。

7. 恰当的视图缩放功能

Altium Designer 提供了强大的视图缩放功能，方便了大型的 PCB 绘制。

8. 强大的编辑功能

Altium Designer 的 PCB 设计系统有标准的编辑功能，用户可以方便地使用编辑功能，提高工作效率。

9. 万无一失的设计检验

PCB 文件作为电子设计的最终结果，是绝对不能出错的。Altium Designer 提供了强大的规则设计检查，用户可以对规则设计检查的规则进行设置，然后由计算机自动检测整个 PCB 文件。此外，Altium Designer 还能够给出关于 PCB 的各种报表文件，方便随后的工作。

10. 高质量的输出

Altium Designer 支持标准的 Windows 打印输出功能，其 PCB 输出质量无可挑剔。

任务训练

请使用思维导图绘制 PCB 编辑器的特点。

任务 9.2　PCB 设计窗口简介

在本任务中，首先介绍 PCB 设计软件界面的基本布局和主要组成部分；其次，逐一介绍每个部分的功能和作用，进一步了解 PCB 设计的基本概念和流程。在任务实施过程中，学习在 PCB 设计软件中打开示例项目或创建新项目。

PCB 设计窗口主要包括 3 个部分：菜单栏、工具栏和工作面板，如图 9-1 所示。

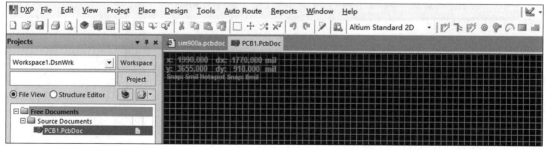

图 9-1　PCB 设计窗口

与原理图设计的窗口一样，PCB 设计窗口也是在软件主窗口的基础上添加了一系列菜单项和工具栏，这些菜单项及工具栏主要用于 PCB 设计中的板设置、布局、布线及工程操作等。菜单项与工具栏基本上是对应的，能用菜单项来完成的操作几乎都能通过工具栏中的相应工具按钮完成。同时，右击工作窗口将弹出一个快捷菜单，其中包括一些 PCB 设计中常用的菜单项。

9.2.1　菜单栏

在 PCB 设计过程中，各项操作都可以使用菜单栏中相应的菜单命令来完成，各项菜单中的具体命令如下。

（1）File 菜单：主要用于文件的打开、关闭、保存与打印等操作。

（2）Edit 菜单：用于对象的选取、复制、粘贴与查找等编辑操作。

（3）View 菜单：用于视图的各种管理，如工作窗口的放大与缩小，各种工具、面板、状态栏及节点的显示与隐藏等。

（4）Project 菜单：用于与项目有关的各种操作，如项目文件的打开与关闭、工程项目的编译及比较等。

（5）Place 菜单：包含了在 PCB 中放置对象的各种菜单项。

（6）Design 菜单：用于添加或删除元件库、网络报表导入、原理图与 PCB 间的同步更新及 PCB 的定义等操作。

（7）Tools 菜单：可为 PCB 设计提供各种工具，如规则设计检查、元件的手动、自动布局、PCB 图的密度分析以及信号完整性分析等。

（8）Auto Route 菜单：可进行与 PCB 布线相关的操作。

（9）Reports 菜单：可进行生成 PCB 设计报表及 PCB 测量的操作。

（10）Window 菜单：可对窗口进行各种操作。

（11）Help 菜单：可以打开帮助菜单。

9.2.2　工具栏

工具栏中以图标按钮的形式列出了常用菜单命令的快捷方式，用户可根据需要对工具栏中包含的命令项进行选择，对摆放位置进行调整。

右击菜单栏或工具栏的空白区域即可弹出工具栏的命令菜单，如图 9 - 2 所示。它包含 6 个命令，有"√"标志的命令将被选中而出现在工作窗口上方的工具栏中。每一个命令代表一系列工具选项，主要介绍以下几种：

（1）PCB Standard 命令：用于控制 PCB 标准工具栏的打开或关闭，如图 9 - 3 所示。

（2）Filter 命令：控制过滤器工具栏的打开与关闭，用于

图 9 - 2　工具栏设置选项

快速定位各种对象。

图 9 - 3　标准工具栏

（3）Utilities 命令：控制应用程序工具栏的打开与关闭。

（4）Wiring 命令：控制布线工具栏的打开与关闭。

（5）Navigation 命令：控制导航工具栏的打开与关闭，通过这些按钮，可以实现在不同界面之间的快速跳转。

（6）Customize 命令：用户自定义设置。

任务训练

请使用思维导图绘制 PCB 编辑器中菜单栏的各项名称。

任务 9.3　新建 PCB 文件

在本任务中，首先，用 Altium Designer 新建一个 PCB 项目并创建 PCB 文件；其次，解释 PCB 层次结构、设计规则和单位设置等，了解 PCB 项目的基本概念和流程。在任务实施过程中，通过实际操作巩固知识，检验新建 PCB 文件流程的理解。

前面已经认识了 PCB 设计环境，接下来就来建立自己的 PCB 文件。以下分别介绍 3 种方法。

（1）通过向导生成 PCB 文件。

该方法可以在生成 PCB 文件的同时直接设置电路板的各种参数，省去了手动设置 PCB 参数的麻烦，是较常用的方法。

（2）利用模板生成 PCB 文件。

在进行 PCB 设计时可以将常用的 PCB 文件保存为模板文件，这样在进行新的 PCB 设计时直接调用这些模板文件即可，模板文件的存在非常有利于后续的 PCB 设计。

（3）利用 File 菜单的 New 命令生成 PCB 文件。

这需要用户手动生成一个 PCB 文件，生成后用户需单独对 PCB 的各种参数进行设置。

9.3.1　利用 PCB 板向导创建 PCB 文件

Altium Designer 提供了 PCB 板向导，用户可在向导的指引下建立 PCB 文件，以大大减少用户的工作量。尤其是在设计一些通用的标准接口板时，通过 PCB 板向导，可以完成外形、板层、接口等各项基本设置，十分便利。

下面讲解通过向导创建 PCB 文件的具体步骤。

（1）首先需要打开 PCB 板向导，共有两种方法，第一种是打开 Files 面板，选择"从模板新建文件"选项区域中的 PCB Board Wizard（PCB 板向导）选项即可打开 PCB Board Wizard 对话框，如图 9 – 4 所示。

图 9 – 4　PCB Board Wizard 对话框

第二种方法是选择 View→Home（首页）命令，在首页画面中 Design Tasks（设计任务）一栏中选择 Printed Circuit Board Design（PCB 设计）选项，如图 9 – 5 所示。选择 PCB Documents 一栏中最下面的 PCB Document Wizard（PCB 板向导）选项，即可弹出 PCB Board Wizard 对话框。

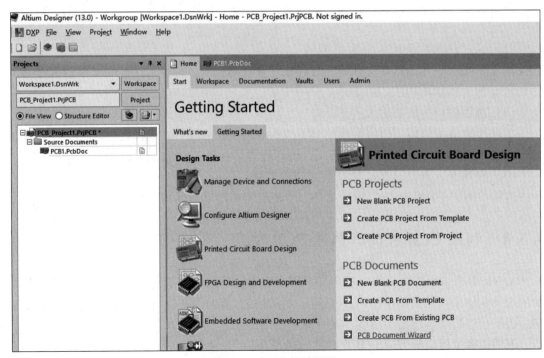

图 9 – 5　PCB 设计页面

（2）单击 Next 按钮进入图 9 - 6 所示的 Choose Board Units 界面。通常采用英制单位，因为大多数元件封装的管脚都采用英制，这样的设置有利于元件的放置、管脚的测量等操作的进行，后面的设定将都依此单位为准。

图 9 - 6　Choose Board Units 界面

单击 Next 按钮进入 Choose Board Profiles 界面，系统提供了一些标准电路板配置文件，以方便用户选用。在这里使用自行定义 PCB 规格，故选择自定义 Custom 选项，如图 9 - 7 所示。

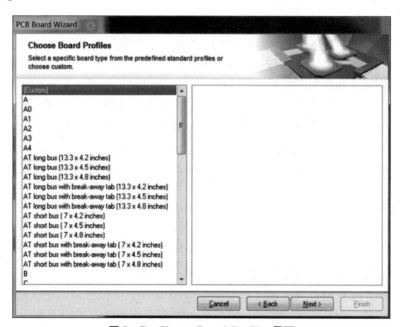

图 9 - 7　Choose Board Profiles 界面

（3）单击 Next 按钮进入图 9 - 8 所示的 Choose Board Details 界面。

在该界面中，可以选择设计电路板轮廓形状、电路板尺寸、尺寸标注放置的层面、边界导线宽度、尺寸线宽度、禁止布线区与板子边沿的距离等。

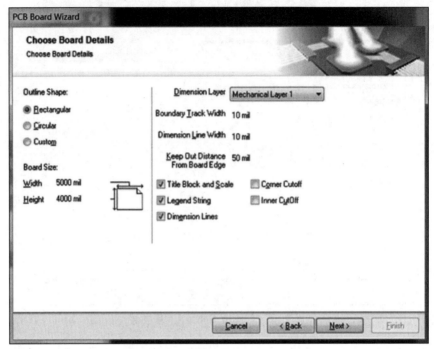

图 9 - 8　Choose Board Details 界面

①Outline Shape 选项区域：用于定义板的外形。有 Rectangular、Circular、Custom 3 个单选按钮。

②Board Size 选项区域：用于定义 PCB 板的尺寸，不同的外形选择对应不同的设置。矩形 PCB 板可以进行宽度和高度的设置；圆形 PCB 板可以进行半径的设置；用户自定义的 PCB 板可以进行宽度和高度的设置。

③Dimension 下拉列表框：一般保持默认的 Mechanical Layer 1 （机械层）设置。

④Boundary Track Width 文本框：通常情况下保持默认的 10 mil 设置。

⑤Dimension Line Width 文本框：用于设置尺寸线的宽度，通常保持默认的 10 mil 设置。

⑥Keep Out Distance From Board Edge 文本框：保持默认设置 50 mil 不变。

⑦Title Block and Scale 复选框：用于定义是否在 PCB 上设置标题栏。

⑧Legend String 复选框：用于定义是否在 PCB 板上添加图例字符串。

⑨Dimension Lines 复选框：用于定义是否在 PCB 板上设置尺寸线。

⑩Corner Cutoff 复选框：用于定义是否截取 PCB 板的一个角。勾选该复选框后，单击 Next 按钮即可对截取角进行详细的设置，如图 9 - 9 所示。

⑪Inner Cutoff 复选框：用于定义是否截取电路板的中心部位，该复选框通常是为了元件的散热而设置的。勾选该复选框后，单击 Next 按钮即可对截取的中心部位进行详细设置，如图 9 - 10 所示。这里使用默认参数设置。

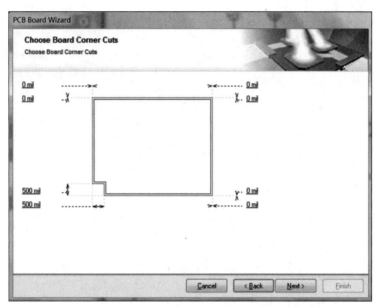

图 9 – 9　Choose Board Corner Cuts 界面

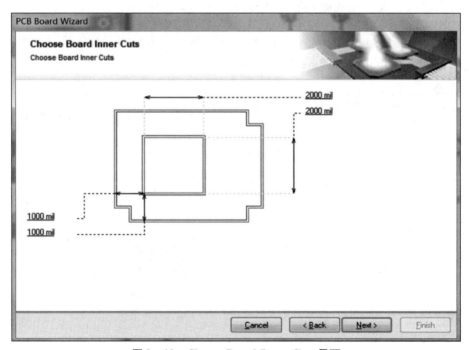

图 9 – 10　Choose Board Inner Cuts 界面

这里使用默认参数进入下一步。

（4）用户自定义类型设置完毕后，单击 Next 按钮即可进入 Choose Board Layers 界面，如图 9 – 11 所示。此处设置两个信号层（双面板的两个信号层通常为顶层和底层）和两个内部电源层。

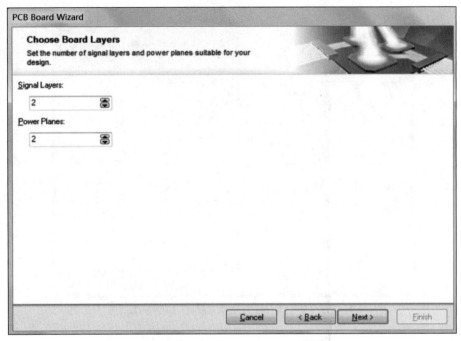

图 9 – 11　Choose Board Layers 界面

（5）单击 Next 按钮即可进入 Choose Via Style 界面，如图 9 – 12 所示。有两种选择：Thruhole Vias only 和 Blind and Buried Vias only。

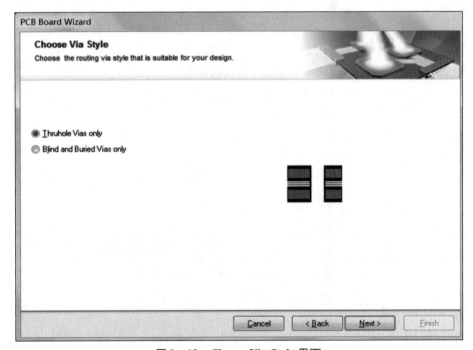

图 9 – 12　Choose Via Style 界面

（6）单击 Next 按钮，进入 Choose Component and Routing Technologies 界面，如图 9 – 13 所示。这里选择 Surface – mount components（表面贴装元件），不将元件放在两面。

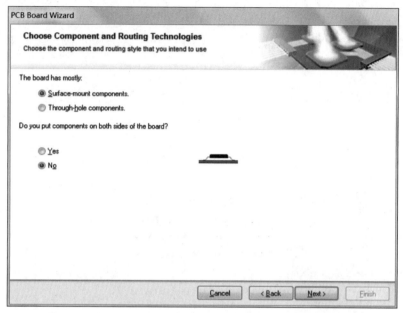

图 9 – 13　**Choose Component and Routing Technologies 界面**

（7）单击 Next 按钮，即可进入 Choose Default Track and Via sizes 界面，如图 9 – 14 所示。在该界面中，可以对 PCB 走线最小线宽、最小过孔宽度以及最小孔径大小、最小的走

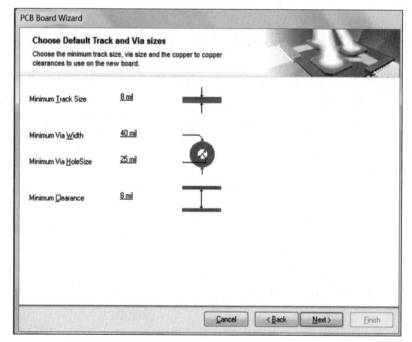

图 9 – 14　**Choose Default Track and Via sizes 界面**

线间距等进行设置。

（8）单击 Next 按钮，进入电路板向导完成界面，如图 9 - 15 所示。

单击 Finish 按钮，系统根据前面的设置已经创建了一个默认名为 PCB1. PcbDoc 的文件，同时进入 PCB 编辑环境中，在工作区显示了 PCB1 板形轮廓。

该设置过程中所定义的各种规则适用于整个电路板，用户也可以在接下来的设计中对不满意之处进行修改。

图 9 - 15 "电路板向导完成"界面

至此，已利用 PCB 向导完成了 PCB 文件的创建。

9.3.2 利用菜单命令创建 PCB 文件

除了采用向导生成 PCB 文件外，用户也可以使用菜单命令直接创建一个 PCB 文件，此后再为该文件设置各种参数。创建一个空白 PCB 文件可以采用以下几种方式。

（1）打开 Files 面板，选择 New 选项区域中的 PCB File 选项。

（2）选择菜单栏中的 File→New→PCB 命令。

（3）在工作窗口的 Design Tasks（设计任务）选项区域中选择 Printed Circuit Board Design（PCB 设计）选项，在弹出页面的 PCB Documents（PCB 文档）选项区域中选择 New Blank PCB Document（新建空 PCB 文档）选项，即可创建 PCB 文件。

新创建的 PCB 文件的各项参数均保持着系统默认值，进行具体设计时，还需要对该文件的各项参数进行进一步设计，这些将在后面的内容中介绍。

9.3.3 利用模板创建 PCB 文件

Altium Designer 还提供了通过模板生成的方式创建一个 PCB 文件，其具体步骤如下。

（1）打开 Files 面板，选择 New from template 选项区域中的 PCB Templates（PCB 模板）

选项即可进入图 9 - 16 所示的 Choose existing Document 对话框。

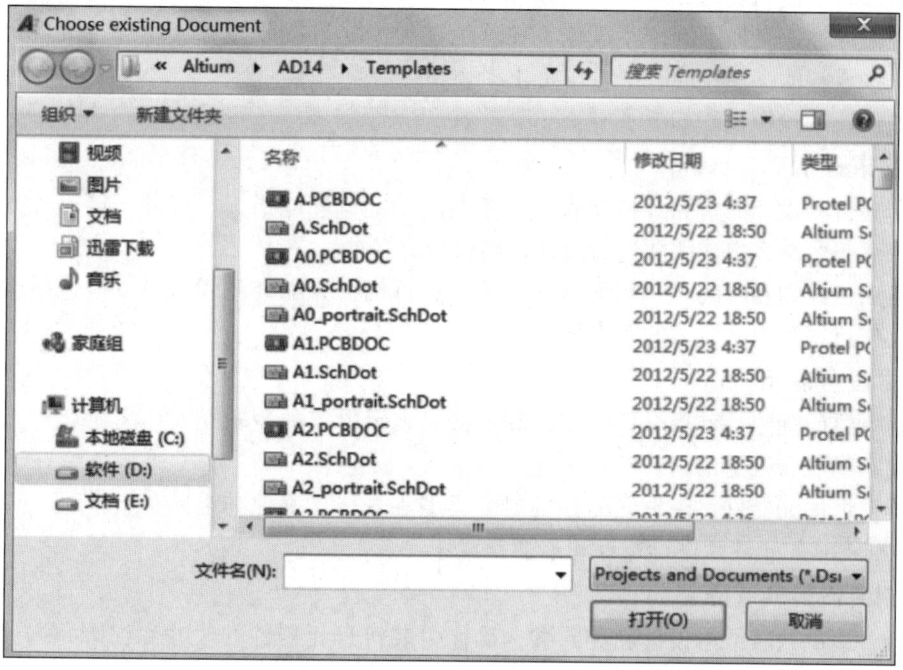

图 9 - 16　Choose existing Document 对话框

该对话框默认的路径是 Altium Designer 自带的模板路径，在该路径中 Altium Designer 为用户提供了多个可用的模板。和原理图文件模板一样，在 Altium Designer 中没有为模板设置专门的文件形式，在该对话框中能够打开的都是后缀为 .PrjPcb 和 .PcbDoc 的文件，它们包含了模板信息。

（2）从对话框中选择所需的模板文件，然后单击"打开"按钮即可生成一个 PCB 文件，生成的文件会出现在工作窗口中。

由于通过模板生成 PCB 文件的方式操作起来非常简单，因此建议用户在从事电子设计时将自己常用的 PCB 板保存为模板文件，方便以后的工作。

◎ 任务训练

请使用 Altium Designer 新建一个 A4 大小的 PCB 文件，并标清尺寸。

任务 9.4　PCB 的设计流程

在本任务中，首先，了解从概念到实际 PCB 设计过程，介绍每个阶段任务和步骤；其次，学习如何收集和分析项目的需求和规格要求，具备基本的电路设计知识，了解电子元器件的功能和特性。在任务实施过程中，进行设计规则检查，确保设计文件符合相关标准和规范。

在进行 PCB 的设计时，首先要确定设计方案，并进行局部电路的仿真或实验，完善电路性能。之后根据确定的方案绘制电路原理图，并进行 ERC 检查。最后完成 PCB 的设计，输出设计文件，送交加工制作。设计者在这个过程中尽量按照设计流程进行设计，这样可以避免一些重复的操作，同时也可以防止不必要的错误出现。

PCB 设计的操作步骤如下。

1. 需求分析

确定项目的设计需求和规格要求，包括电路功能、性能指标、尺寸、接口等方面的要求。这可能需要与客户或团队进行沟通，确保理解需求。

制订项目计划和时间表，明确设计的范围和目标，分配资源和人员。这包括确定设计周期、工作流程和团队成员的职责分工。

2. 原理图设计

创建电路原理图，使用合适的符号和连接线表示电路的逻辑结构。考虑将电路划分为模块，使布局和布线更清晰。

选择合适的元器件，注意元器件的封装类型和规格，确保与电路设计匹配。可以使用 Altium Designer 的元件库进行选择和添加元器件。

3. 封装设计和选择

选择合适的封装或者设计新的封装，确保封装符合元器件的尺寸和引脚布局。可以参考元件制造商提供的封装数据手册。

在进行封装设计时，注意封装的引脚排列和尺寸，以及与 PCB 布局的兼容性。

4. PCB 布局设计

在 PCB 布局设计阶段，首先放置主要元器件，如处理器、存储器、接口等。注意元器件之间的连接关系和布局的合理性。

考虑电路功能、信号传输路径、电源分配、散热等因素，优化布局。尽量减少信号线路的交叉和走线长度，提高信号完整性。

5. 布线设计

进行布线设计时，首先进行信号分组，将相关的信号线分配到相同的层，并进行合理的走线规划。

注意布线的走线路径，避免交叉和干扰。可以使用差分对、信号层分割等技术来减少信号干扰。

考虑信号线宽度、间距、过孔连接等参数，确保布线符合设计规范和标准。

6. 设计规则检查

进行设计规则检查，确保布局和布线符合设计规范和标准。Altium Designer 提供了丰富的规则检查功能，可根据需求自定义检查规则。

检查包括安全间距、最小线宽、最小间距、过孔连接等，确保设计符合制造要求和标准。

7. 导出制造文件

导出制造文件是 PCB 设计的最后一步，需要将设计导出为制造所需的文件格式，如 Gerber 文件、钻孔文件等。

在导出制造文件之前，应该进行最终的检查和验证，确保设计文件的准确性和完整性。可以使用 Altium Designer 提供的设计检查工具进行验证。

通过以上详细介绍，学生可以全面了解 Altium Designer 中 PCB 设计流程的各个环节，掌握每个阶段的具体操作步骤和注意事项，从而更加熟练地进行 PCB 设计工作。

任务训练

请使用思维导图绘制 PCB 的设计流程。

（1）新建工程（＊＊＊.PrjPcb）。

（2）保存工程，重命名。

（3）创建新的原理图文件。

（4）保存原理图，重命名原理图（导入自己的原理图模板）。

（5）画原理图（①如果有该元件，可直接用，或者安装该库后使用，②如果没有该元件，需要自己画）。

（6）检查封装（在封装管理器中检查）。

（7）编译原理图，检查错误并更正（Messages 面板）。

（8）用向导或手动画 PCB 轮廓（redefine 板子大小，再在 Keep – Out Layer 层画板子边界），完成后添加到工程中。

（9）导入元件。

（10）元件布局、布线。

（11）补泪滴/放置安装孔/敷铜。

（12）电气规则检查，检查错误并更正（设计规则检查，按 T + D + R 组合键）。

任务 9.5　电路板物理结构及环境参数设置

在本任务中，首先，介绍设置 PCB 文件的参数和属性，即板层结构、网格设置等；其次，讲授创建新 PCB 文件步骤和方法，如何设置文件参数和属性，熟悉界面和基本操作，如菜单操作、工具栏使用等。在任务实施过程中，掌握设置文件的参数和属性，包括板层结构、尺寸、单位等。

对于手动生成的 PCB，在进行 PCB 设计前，首先要对板的各种属性进行详细的设置。主要包括物理边框的设置、PCB 图纸的设置、电路板层的设置、层的显示颜色的设置、布线框的设置、PCB 系统参数的设置以及 PCB 设计工具栏的设置等。

9.5.1　电路板物理边框的设置（物理边界）

1. 边框线的设置

电路板的物理边界即为 PCB 的实际大小和形状，板形的设置是在工作层面 Mechanical 1 上进行的，根据所设计的 PCB 在产品中的位置、空间的大小、形状以及与其他部件的配合来确定 PCB 的外形与尺寸。具体的步骤如下。

（1）新建一个 PCB 文件，使之处于当前的工作窗口中，如图 9 – 17 所示。默认的 PCB 图为有栅格的黑色区域，它包括 6 个工作层面。

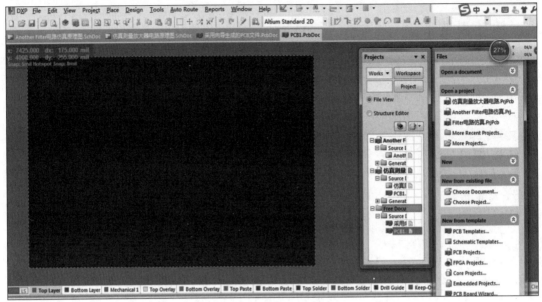

图 9 – 17 默认的 PCB 图

①两个信号层 Top Layer（顶层）和 Bottom Layer（底层）：用于建立电气连接的铜箔层。

②Mechanical 1（机械层）：用于设置 PCB 与机械加工相关的参数，以及用于 PCB 3D 模型放置与显示。

③Top Overlay（丝印层）：用于添加电路板的说明文字。

④Keep – Out Layer（禁止布线层）：用于设立布线范围，支持系统的自动布局和自动布线功能。

⑤Multi – Layer（多层同时显示）：可实现多层叠加显示，用于显示与多个电路板层相关的 PCB 细节。

（2）单击工作窗口下方的 Mechanical 1 标签，使该层面处于当前的工作窗口中。

（3）选择 Place→Line 命令，光标将变成十字形状。将光标移到工作窗口的合适位置，单击即可进行线的放置操作，每单击一次就确定一个固定点。通常将板的形状定义为矩形。但在特殊的情况下，为了满足电路的某种特殊要求，也可以将板形定义为圆形、椭圆形或者不规则的多边形。这些都可以通过 Place 菜单来完成。

（4）当绘制的线组成了一个封闭的边框时，即可结束边框的绘制。右击或按下 Esc 键即可退出该操作，绘制结束后的 PCB 边框如图 9 – 18 所示。

（5）设置边框线属性。

双击任一边框线即可打开该线的编辑对话框，如图 9 – 19 所示。

为了确保 PCB 图中边框线为封闭状态，可以在此对话框中对线的起始和结束点进行设

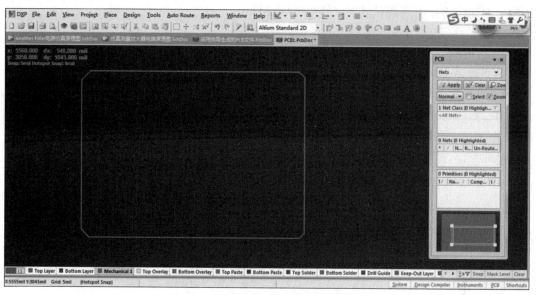

图 9 – 18　设置边框后的 PCB 图

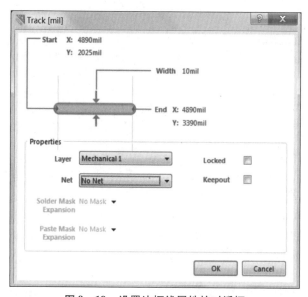

图 9 – 19　设置边框线属性的对话框

置，使一根线的终点为下一根线的起点。下面介绍一些其他选项的含义。

①Layer 下拉列表框：用于设置该线所在的电路板层。用户在开始画线时可以不选择 Mechanical 1，在此处进行工作层的修改也可以实现上述操作所达到的效果，只是这样需要对所有边框线段进行设置，操作起来比较麻烦。

②Net 下拉列表框：用于设置边框线所在的网络。通常边框线不属于任何网络，即不存在任何电气特性。

③Locked 复选框：勾选该复选框时，边框线将被锁定，无法对该线进行移动等操作。

④Keepout 复选框：用于定义该边框线属性是否为 Keepout。具有该属性的对象被定义

为板外对象，将不出现在系统生成的 Gerber 文件中。

⑤单击 OK 按钮，完成边框线的属性设置。

2. 板形的修改

对边框线进行设置主要是给制板商提供制作板形的依据。用户也可以在设计时直接修改板形，即在工作窗口中直接看到自己所设计的板子的外观形状，然后对板形进行修改。板形的设置与修改主要通过选择 Design→Board Shape 子菜单中的命令来完成，如图 9-20 所示。

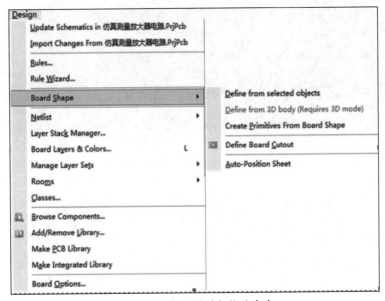

图 9-20　板形设计与修改命令

（1）按照选择对象定义。

在机械层或其他层利用线条或圆弧定义一个内嵌的边界，以新建对象为参考重新定义板形。具体的操作步骤如下。

①选择 Place→Full Circle 命令，在电路板上绘制一个圆，如图 9-21 所示。

②选中刚才绘制的圆，然后选择 Design→Board Shape→Define from selected objects 命令，电路板将变成圆形，如图 9-22 所示。

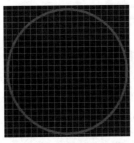

图 9-21　绘制一个圆

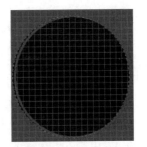

图 9-22　改变后的板形

（2）根据板子外形生成线条。

在机械层或其他层将板子边界转换为线条。具体的操作步骤如下。

选择 Design→Board Shape→Create Primitives From Board Shape 命令，弹出 Line/Arc Primitives From Board Shape 对话框，如图 9 - 23 所示。按照需要设置参数，单击 OK 按钮，退出对话框，板边界自动转化为线条，如图 9 - 24 所示。

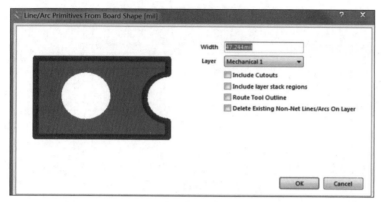

图 9 - 23　"从板外形而来的线/弧原始数据"对话框

图 9 - 24　转化边界

9.5.2　电路板图纸的设置

与原理图一样，用户也可以对电路板图纸进行设置，默认的图纸是不可见的。大多数 Altium Designer 将板子显示在一个白色的图纸上，与原理图图纸完全相同。图纸大多被画在 Mechanical 16 上，图纸的设置主要有以下两种方法。

1. 通过 Board Options（电路板选项）进行设置

选择菜单栏中的 Design→Board Options 命令，或按 D + O 组合键，弹出 Board Options 对话框，如图 9 - 25 所示。

其中各选项区域的功能如下。

（1）Measurement Unit 选项区域：用于设置 PCB 中的度量单位。考虑到目前的电子元件封装尺寸以英制单位为主，以公制单位描述封装信息的元件很少，因此建议选择英制单位 Imperial。

（2）Sheet Position 选项区域：用于设置 PCB 图纸。从上到下依次可对图纸在 X 轴的位置、Y 轴的位置、图纸的宽度、图纸的高度、图纸的显示状态及图纸的锁定状态等属性进行设置，参照原理图图纸的光标定位方法对图纸的大小进行合适的设置。对图纸进行设置后，勾选 Display Sheet 复选框即可在工作窗口中显示图纸。

最后单击 OK 按钮即可完成图纸信息的设置。

2. 从一个 PCB 模板中添加一个新的图纸

Altium Designer 拥有一系列预定义的 PCB 模板，主要存放在安装目录 Altium Designer\Templates 下，添加新图纸的操作步骤如下。

（1）选中需要进行图纸操作的 PCB 文件，使之处于当前的工作窗口中。

（2）选择 File→Open 命令，进入图 9 - 26 所示的对话框，选择上述路径下的一个模板文件。

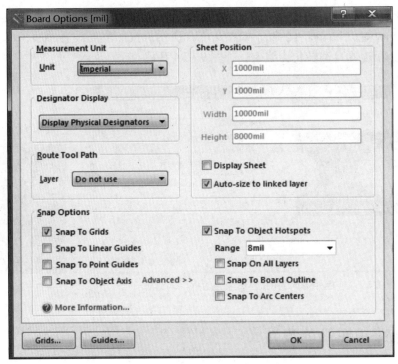

图 9 − 25　Board Options 对话框

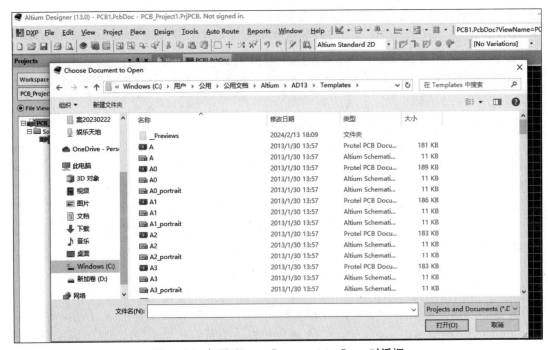

图 9 − 26　打开 Choose Document to Open 对话框

（3）单击"打开"按钮，即可将模板文件导入到工作窗口中，如图 9 − 27 所示。

（4）用鼠标拉出一个矩形框，选中该模板文件，选择"编辑"→"拷贝"命令，进行复制操作。然后切换到要添加图纸的 PCB 文件，选择"编辑"→"粘贴"命令，进行粘贴

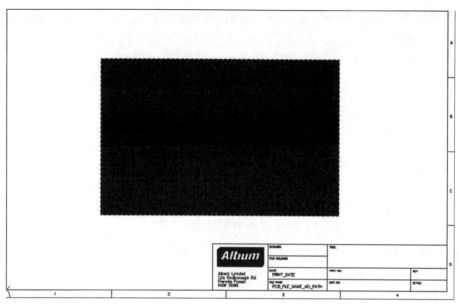

图 9 – 27 导入 PCB 模板文件

操作，此时光标变成十字形状，同时图纸边框悬浮在光标上。

（5）选择合适的位置，单击即可放置该模板文件。新页面的内容将被放置到 Mechanical 16 层，但此时并不可见。

（6）选择 Design→Board Layers & Colors 命令，弹出图 9 – 28 所示的对话框。在对话框的右上角 Mechanical 16 层上依次勾选 Show、Enable 和 Linked To Sheet 复选框，然后单击 OK 按钮即可完成 Mechanical 16 层与图纸的连接。

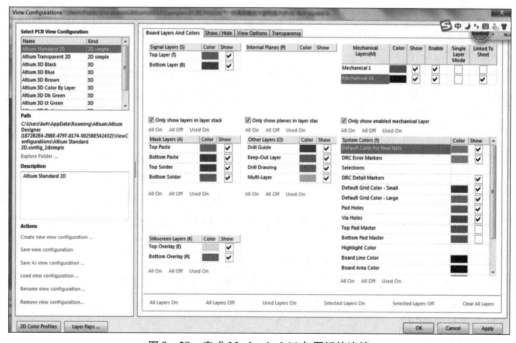

图 9 – 28 完成 Mechanical 16 与图纸的连接

（7）选择 View→Fit Document 命令，此时图纸被重新定义了尺寸，与导入的 PCB 图纸边界范围正好相匹配。

至此，如果按 V＋S 或 Z＋S 组合键重新观察图纸，可以看到新的页面格式已经启用了。

9.5.3　电路板层的设置

1. 电路板的分层

PCB 一般包括很多层，不同的层包含不同的设计信息。制板商通常是将各层分开做，后期经过压制、处理，最后生成各种功能的电路板。

Altium Designer 提供了以下 6 种类型的工作层面。

（1）Signal Layers（信号层）：信号层即为铜结层。其主要完成电气连接特性。Altium Designer 提供 32 层信号层，分别为 Top Layer，Mid Layer 1，Mid Layer 2，…，Mid Layer 30 和 Bottom Layer，各层以不同的颜色显示。

（2）Internal Layers（中间层，也称内部电源与地线层）：内部电源与地层也属于铜箔层。其主要用于建立电源和地网络。Altium Designer 提供 16 层中间层，分别为 Internal Layer 1、Internal Layer 2、…、Internal Layer 16，各层以不同的颜色显示。

（3）Mechanical Layers（机械层）：机械层是用于描述电路板机械结构、标注及加工等说明所使用的层面，不能完成电气连接特性。Altium Designer 提供 16 层机械层，分别为 Mechanical Layer 1，Mechanical Layer 2，…，Mechanical Layer 16，各层以不同的颜色显示。

（4）Mask Layers（阻焊层）：阻焊层主要用于保护铜线，也可以防止元件被焊到不正确的地方。Altium Designer 提供 4 层阻焊层，分别为 Top Paste（顶层锡膏防护层）、Bottom Paste（底层锡膏防护层）、Top Solder（顶层阻焊层）和 Bottom Solder（底层阻焊层），分别用不同的颜色显示出来。

注意：Top Paste 表面意思是指顶层焊锡膏，就是说可以用它来制作印刷锡膏的钢网，这一层只需要露出所有需要贴片焊接的焊盘，并且开孔可能会比实际焊盘小。这一层资料不需要提供给 PCB 厂。

注意：Top Solder 表面意思是指顶层阻焊层，就是用它来涂敷绿油等阻焊材料，从而防止不需要焊接的地方沾染焊锡，这一层会露出所有需要焊接的焊盘，并且开孔会比实际焊盘大。这一层资料需要提供给 PCB 厂。

（5）Silkscreen Layers（丝印层）：通常在这上面会印上文字与符号，以标示出各零件在板子上的位置。丝印层也被称为图标面（Legend），Altium Designer 提供有两层丝印层，分别为 Top Overlayer 和 Bottom Overlayer。

（6）Other Layers（其他层）：其他层。

（7）Drill Guides（钻孔）和 Drill Drawing（钻孔图）：用于描述钻孔图和钻孔位置。

（8）Keep－Out Layer（禁止布线层）：只有在这里设置了布线框，才能启动系统的自动布局和自动布线功能。

（9）Multi－Layer（多层）：设置更多层，横跨所有的信号板层。

选择 Design→Board Layers & Colors 命令，在弹出的对话框中取消勾选中间的 3 个复选框，即可看到系统提供的所有层，如图 9-29 所示。

图 9-29　系统所有层的显示

2. 电路板层数设置原则

各种层的设置应尽量满足以下要求。

（1）元件层的下面为地线层，它提供器件屏蔽层以及为顶层布线提供参考平面。

（2）所有的信号层应尽可能与地平面相邻。

（3）尽量避免两信号层直接相邻。

（4）主电源应尽可能地与其对应地相邻。

（5）兼顾层压结构对称。

任务训练

用 Altium Designer 建立项目设计文件（×××.PrjPCB），其中×××为学号加姓名的首字母，再新建 PCB 文件，然后按图 9-30 调整和编辑元件。

要求：

（1）在 Mechanical 1 层画出 4 个定位孔，半径为 80 mil；

（2）所有元件标注的字体高度为 76 mil、宽度为 3 mil。

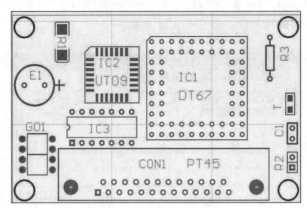

图 9 – 30　新建 PCB 文件

任务 9.6　在 PCB 文件中导入原理图网络表信息

在本任务中，首先，介绍网络表包含了原理图中的元器件及其连接关系；其次，通过操作 PCB 文件、导入网络表文件、匹配原理图等步骤，完成原理图和 PCB 文件之间关系相关知识储备，即网络表的含义和作用。在任务实施过程中，由学生检查导入网络表信息是否与 PCB 文件中的布局和布线相符。

网络表是原理图与 PCB 图之间的联系纽带，原理图的信息可以通过导入网络表的形式完成与 PCB 之间的同步。在进行网络表的导入之前，需要装载元件的封装库并对同步比较器的比较规则进行设置。

9.6.1　装载元件封装库

由于 Altium Designer 采用的是集成的元件库，因此对于大多数设计来说，在进行原理图设计的同时便装载了元件的 PCB 封装模型，此时可以省略该项操作。但 Altium Designer 同时也支持单独的元件封装库，只要 PCB 文件中有一个元件封装不是在集成的元件库中，用户就需要单独装载该封装所在的元件库。元件封装库的添加与原理图中添加元件库的步骤相同，这里不再介绍。

9.6.2　设置同步比较规则

同步设计是 Altium 系列软件电路绘图最基本的绘图方法，这是一个非常重要的概念，对其最简单的理解就是原理图文件和 PCB 文件在任何情况下保持同步。也就是说，不管是先绘制原理图再绘制 PCB，还是原理图和 PCB 同时绘制，最终要保证原理图上元件的电气连接意义必须和 PCB 上的电气连接意义完全相同，这就是同步。同步并不是单纯地同时进行，而是原理图和 PCB 两者之间电气连接意义的完全相同。实现这个目的的最终方法是用同步器来实现，这个概念就称为同步设计。

如果说网络报表包含了电路设计的全部电气连接信息，那么 Altium Designer 则是通过同步器添加网络报表的电气连接信息来完成原理图与 PCB 图之间的同步更新。同步器的工作原理是检查当前的原理图文件和 PCB 文件，得出它们各自的网络报表并进行比较，比较后得出的不同的网络信息将作为更新信息，然后根据更新信息便可以完成原理图设计与 PCB 设计的同步。同步比较规则的设置决定了生成的更新信息，因此要完成原理图与 PCB 图的同步更新，同步比较规则的设置则是至关重要的。

选择 Project→Project Options 命令进入 Options for PCB Project（PCB 项目选项）设置对话框，然后单击 Comparator（比较器）标签，在该选项卡中可以对同步比较规则进行设置，如图 9 – 31 所示。

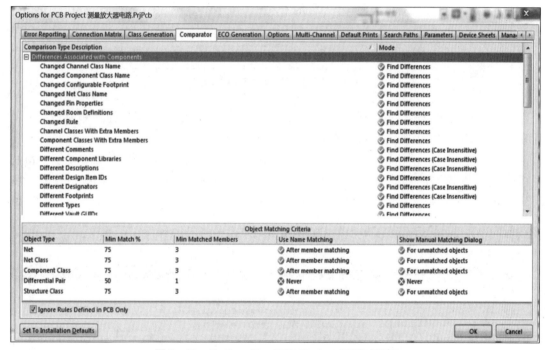

图 9 – 31　Options For PCB Project 设置对话框

单击 Set To Installation Defaults 按钮将恢复该对话框中原来的设置。

单击 OK 按钮即可完成同步比较规则的设置。

同步器的主要作用是完成原理图与 PCB 图之间的同步更新，但这只是对同步器的狭义上的理解。广义上的同步器可以完成任何两个文档之间的同步更新，可以是两个 PCB 文档之间，网络表文件和 PCB 文件之间，也可以是两个网络表文件之间的同步更新。用户可以在 Differences（不同处）面板中查看两个文件之间的不同之处。

9.6.3　导入网络表

完成同步比较规则的设置后即可进行网络表的导入工作了。这里将图 9 – 32 所示的原理图的网络表导入到当前的 PCB1 文件中，该原理图是前面原理图设计时绘制的多谐振荡器电路，文件名为"多谐振荡器电路原理图.PrjPCB"。

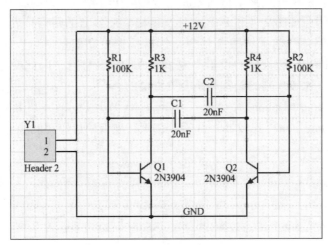

图 9-32　多谐振荡器电路原理图

（1）打开"多谐振荡器电路原理图.SchDoc"文件，使之处于当前的工作窗口中，同时应保证 PCB1 文件也处于打开状态。

（2）选择 Design→Update PCB Document PCB1.PcbDoc（更新 PCB 文件）命令，系统将对原理图和 PCB 图的网络报表进行比较并弹出一个工程变更命令（Engineering Change Order，ECO）对话框，如图 9-33 所示。

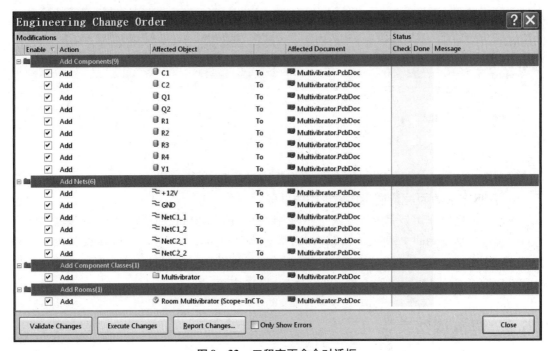

图 9-33　工程变更命令对话框

另外，此操作如出现 Cannot locate document 错误，如图 9 – 34 所示，是因为 PCB1. PcbDoc 没有保存。

（3）单击 Validate Changes 按钮，系统将扫描所有的改变，看能否在 PCB 上执行所有的改变。随后在每一项所对应的 Check 栏中将显示 ✓ 标记，如图 9 – 35 所示。

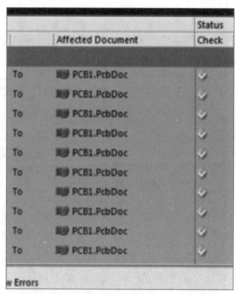

图 9 – 34　错误提示

图 9 – 35　PCB 中能实现的合法改变

① ✓ 标记：说明这些改变都是合法的。

② ✗ 标记：说明此改变是不可执行的，需要回到以前的步骤中进行修改，然后重新进行更新。

（4）进行合法性校验后单击 Execute Changes 按钮，系统将完成网络表的导入，同时在每一项的 Done 栏中显示 ✓ 标记提示导入成功，如图 9 – 36 所示。

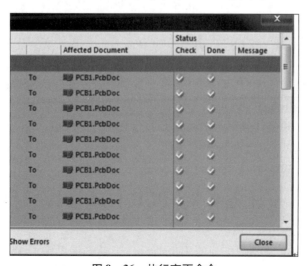

图 9 – 36　执行变更命令

（5）单击 Close 按钮关闭该对话框，这时可以看到在 PCB 图布线框的右侧出现了导入的所有元件的封装模型，如图 9 – 37 所示。图中的紫色边框为布线框，各元件之间仍保持着与原理图相同的电气连接特性。

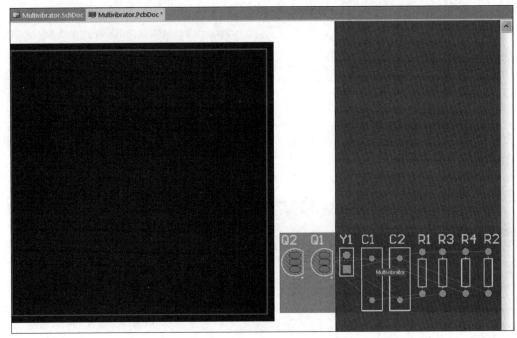

图 9 – 37 导入网络表后的 PCB 图

注意：导入网络表时，原理图中的元件并不直接导入到用户绘制的布线框中，而是位于布线框的外面。通过之后的自动布局操作，系统将自动将元件放置在布线框内。当然，用户也可以手动拖动元件到布线框内。

任务训练

（1）在项目设计文件（×××.PrjPCB）的 Documents 下新建一个 PCB 图文件，命名为 JDQ.PcbDoc 文档。

（2）使用单面铜箔板，按尺寸（1.5 in×2 in）进行绘图，人工布局。

（3）在机械层（Mechanical Layer 1）内画出 4 个定位孔，定位孔半径为 80 mil。

（4）电源 VCC 和地线的线宽为 35 mil，其他线宽为 20 mil。

（5）生成网络表。

任务 9.7   PCB 自动设计

在本任务中，首先，将学习如何使用自动设计工具来辅助完成 PCB 设计；其次，将任务解析为配置设计规则和约束条件、安全间距、最小线宽、最小间距，熟悉自动设计工具的原理和使用方法。在任务实施过程中，由学生运行自动设计工具，并根据需要对其进行参数设置。

工程师完成电路原理图的设计后，需要将原理图转换成相应的 PCB 图，Altium Designer 提供了自动布线的功能，能大大减轻工程师们的工作量。PCB 的自动设计需要经过 6 个步骤。

（1）准备原理图。

（2）新建 PCB 电路板。

（3）载入网络表。

（4）设置布线规则。

（5）元件布局。

（6）自动布线及敷铜。

完成效果，如图 9 - 38 所示。

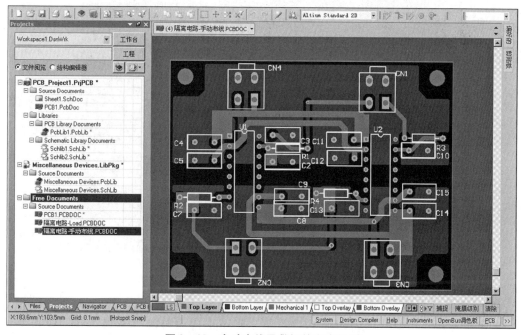

图 9 - 38　自动布线及敷铜的完成效果

9.7.1　PCB 自动布局操作

加载网络表之后需要对元件封装进行布局，布局就是在 PCB 板内合理地排列各元件封装，使整个电路板看起来美观、紧凑，同时要有利于布线，Altium Designer 提供了强大的自动布局功能。

1. 元件自动布局的方法

为完成图 9 - 38 所示的 PCB 示例，选择 Tools→Component Placement→Auto Placer 命令，系统弹出 Auto Place 对话框。

组元复选框：勾选该复选框将允许布局器在布局时对元件进行分组，以组为单位进行布局。

旋转组件复选框：勾选该复选框将允许布局器在布局时对元件进行旋转以达到最佳效果，一般应勾选该复选框。

自动 PCB 更新复选框：勾选该复选框将允许布局器在自动布局完成后自动更新 PCB 图，一般应勾选该复选框。

在此采用统计的放置项布局时，勾选所有的 3 个复选框，设置好电源网络、接地网络及网格尺寸，单击按钮开始自动布局。自动布局完成后会自动更新 PCB 图，完成自动布局后的 PCB 图如图 9 - 39 所示。

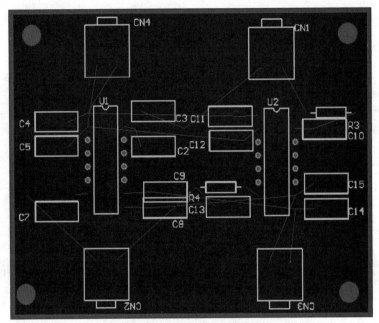

图 9 - 39　自动布局后的 PCB 图

2. 停止自动布局

在选择成群的放置项自动布局的过程中，要停止自动布局可选择 Tools→Component Placement→Stop Auto Placer 命令，系统弹出停止自动布局确认对话框。

勾选恢复元件到原来位置复选框后单击是按钮，则可将元件位置恢复到自动布局前的效果。

3. 推挤式自动布局

在执行推挤式自动布局前要先设置推挤深度，选择 Tools→Component Placement→Set Shove Depth 命令，系统弹出推挤深度对话框，推挤深度设为 3，单击 OK 按钮关闭该对话框。然后选择 Tools→Component Placement→Shove 命令，光标变成十字型，选择一个元件作为推挤的基准元件，则以该元件为中心进行推挤式自动布局，推挤后的 PCB 图如图 9 - 40 所示。

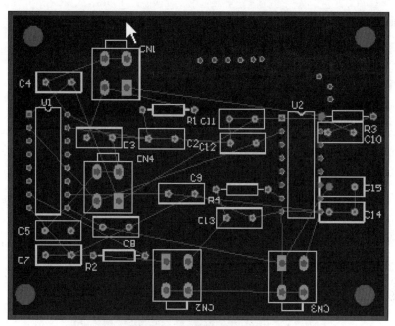

图 9 - 40　推挤后的 PCB 图

9.7.2　元件的手动布局

下面利用元件自动布局的结果，继续进行手动布局调整。选择 Tools→Component Placement→Auto Placer 命令，弹出 Auto Place 对话框。

（1）选中两个电容器，将其拖动到 PCB 板的左部重新排列，在拖动过程中按空格键，使其以合适的方向放置。

（2）调整两个电阻位置，使其按标号并行排列。

由于电阻分布在 PCB 板上的各个区域内，一次调整会很费劲，因此，可使用查找相似对象的命令。

（3）在主菜单选择 Edit→Find Similar Objects 命令，光标变成十字形，在 PCB 区域内单击选取一个电阻，在弹出的发现相似目标对话框中的 Footprint（轨迹）选项区域内选择 Same（相同）。

单击 Apply 按钮，再单击 OK 按钮，退出对话框。此时所有电阻均处于选中状态。

（4）在主菜单中选择 Tools→Component Placement→Arrange Outside Board 命令，则所有电阻元件自动排列到 PCB 板外部。

（5）选择 Tools→Component Placement→Arrange Within Rectangle 命令，用十字光标在 PCB 板外部画出一个合适的矩形，此时所有电阻自动排列到该矩形区域内。

（6）由于标号重叠，为了清晰美观，可选择 Edit→Align→Distribute 和 Increase Horizontal Spacing 命令，修改电阻元件之间的间距。

（7）将排列好的电阻元件拖动到电路板合适位置。按照同样的方法，对其他元件进行排列。

（8）选择 Edit→Align→Horizontally 命令，将各组器件排列整齐。

手动调整后的 PCB 板布局如图 9-41 所示。

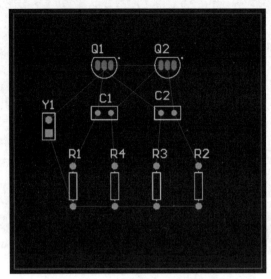

图 9-41　手动调整后的 PCB 板布局

9.7.3　PCB 的视图操作

1. 工作窗口的缩放

放大和缩小 PCB 工作窗口可分别通过快捷键 PgUp 和 PgDn 实现，快捷键 End 用来刷新工作窗口。

2. 飞线的显示与隐藏

在主菜单 View 的"连接"子菜单中进行选择即可实现显示/隐藏飞线功能，同时，还可以通过这个菜单，显示前面绘制的原理图元件库的引脚，如图 9-42 所示。飞线被用来在印制电路板的设计过程中表示电路的逻辑连接关系，加载网络表以后，各个元件之间的连接关系（即网络）就用飞线来表示。

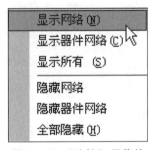

图 9-42　"连接"子菜单

9.7.4　PCB 元件的编辑

PCB 元件的编辑操作与原理图的编辑操作也基本相同，包括对象的选择、删除、移动、复制、剪切及粘贴等。要调出 PCB 的编辑操作菜单可以使用 Edit 菜单或在 PCB 工作窗口中按 E 键来实现这些操作。

任务训练

1. 选择题

（1）在 PCB 文件中，执行菜单命令 Design→Rules 的作用是（　　）。

A. 设置自动布线的参数　　　　　　　　　B. 进行自动布局

C. 进行自动布线　　　　　　　　　　　　D. 设置 PCB 环境参数

（2）在 PCB 板设计环境中按哪个快捷键将弹出栅格设置的快捷菜单？（　　）

A. U　　　　　　　　B. G　　　　　　　　C. Q　　　　　　　　D. W

2. 判断题

（1）自动布局的操作命令是"自动布线"→"全部"。　　　　　　　　（　　）

（2）PCB 板编辑界面进行元件布局时采用自动布局即可。　　　　　　（　　）

任务 9.8　元件的自动布线

在本任务中，首先，使用 PCB 设计软件自动布线功能来快速高效完成 PCB 布线；其次，运用自动布线工具，并根据设计需求进行参数设置，熟悉自动布线工具的原理和使用方法。在任务实施过程中，确保布线路径满足设计要求，并进行必要的修改和优化。

自动布局及手动调整布局完成以后就可以着手对 PCB 板进行自动布线了，在开始自动布线之前要先设置好布线规则。

9.8.1　设置自动布线规则

为了使自动布线的结果能符合各种电气规则和用户的要求，Altium Designer 提供了丰富的布线规则供用户设置，布线规则的设置是否合理将决定自动布线的结果。

选择 Design → Rules 命令，系统弹出"PCB 规则和约束编辑器"对话框，如图 9 -43 所示，可以在图中进行规则设置。

9.8.2　布线类规则设计示例

下面举一个新增布线类规则来说明。

在某个子类上右击，系统弹出图 9 -44 所示的快捷菜单。选择"新规则"命令即可在该子类下添加一条规则，如图 9 -45 所示。同时会出现规则设置对话框，如图 9 -46 所示。"删除规则"命令用于删除一条规则。

图 9-43 "PCB 规则和约束编辑器"对话框

图 9-44 快捷菜单

图 9-45 添加规则

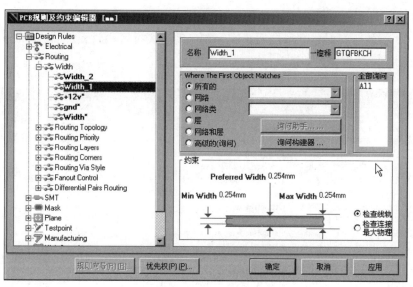

图 9 – 46　规则设置对话框

9.8.3　元件的自动布线

设置好与布线有关的规则以后就可以开始自动布线了。Auto Route 菜单不仅可以对整个 PCB 进行自动布线，还可以对指定的网络、网络类、Room 空间、元件及元件类等进行单独的布线。

选择 Auto Route→All 命令，系统将弹出 Situs Routing Strategies 对话框，单击 All 按钮，则会弹出 Situs Strategy Editor 对话框，如图 9 – 47 所示。

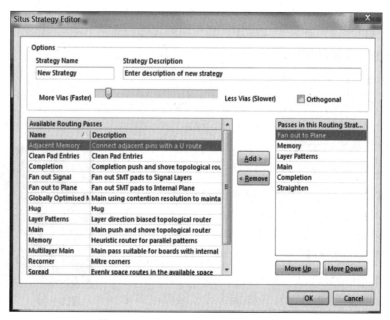

图 9 – 47　Situs Strategy Editor 对话框

设置并选择好布线策略以后，单击 Situs Routing Strategies 对话框中的 Route All 按钮即可开始对 PCB 上的所有对象进行自动布线。在自动布线过程中，系统将在 Messages 窗口里显示当前自动布线的进展，如图 9 - 48 所示。

Class	Document	Source	Message	Time	Date	N.
Situ...	PCB1.PcbD...	Situs	Completed Fan out to Plane in 0 Seconds	16:50:34	2012-1-16	4
Situ...	PCB1.PcbD...	Situs	Starting Memory	16:50:34	2012-1-16	5
Situ...	PCB1.PcbD...	Situs	Completed Memory in 0 Seconds	16:50:34	2012-1-16	6
Situ...	PCB1.PcbD...	Situs	Starting Layer Patterns	16:50:34	2012-1-16	7
Ro...	PCB1.PcbD...	Situs	Calculating Board Density	16:50:34	2012-1-16	8
Situ...	PCB1.PcbD...	Situs	Completed Layer Patterns in 0 Seconds	16:50:34	2012-1-16	9
Situ...	PCB1.PcbD...	Situs	Starting Main	16:50:34	2012-1-16	10
Ro...	PCB1.PcbD...	Situs	Calculating Board Density	16:50:34	2012-1-16	11
Situ...	PCB1.PcbD...	Situs	Completed Main in 0 Seconds	16:50:34	2012-1-16	12
Situ...	PCB1.PcbD...	Situs	Starting Completion	16:50:34	2012-1-16	13
Situ...	PCB1.PcbD...	Situs	Completed Completion in 0 Seconds	16:50:34	2012-1-16	14
Situ...	PCB1.PcbD...	Situs	Starting Straighten	16:50:34	2012-1-16	15
Situ...	PCB1.PcbD...	Situs	Completed Straighten in 0 Seconds	16:50:34	2012-1-16	16
Ro...	PCB1.PcbD...	Situs	14 of 14 connections routed (100.00%) in 1 Sec...	16:50:34	2012-1-16	17
Situ...	PCB1.PcbD...	Situs	Routing finished with 0 contentions(s). Failed to...	16:50:34	2012-1-16	18

图 9 - 48　Messages 窗口

当 Messages 窗口中显示布线操作已完成 100% 时，表明布线已全部完成。

注意：有些复杂电路自动布线不能全部布通，此时 PCB 上会留有一些飞线，说明自动布线器无法完成这些连接，需要用户手动完成这些布线。

9.8.4　元件的手动布线

对 PCB 进行布线是个复杂的过程，需要考虑多方面的因素，包括美观、散热、干扰、是否便于安装和焊接等。而基于一定算法的自动布线往往难以达到最佳效果，这时便需要借助手动布线的方法加以调整。

1. 拆除不合理的自动布线

对于自动布线结果中不合理的布线可以直接删除，也可以选择 Tools→Un - Route 命令来拆除。

2. 添加导线及属性设置

用手动添加导线的方法对被拆除的导线进行重新布线。单击工具栏的 按钮即可进入添加导线的命令状态，在放置导线之前首先要选中准备放置导线的信号层，如选中 Bottom 层。在添加导线的命令状态下光标呈现十字形，在任一点单击放置导线的起点，如图 9 - 49 所示。连续多次单击鼠标左键可以确定导线的不同段，一根导线布线完成后右击即可，要退出添加导线的命令状态可以再次右击或按下 Esc 键。

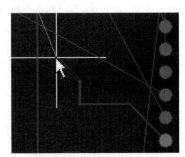

图 9 - 49　放置导线的起点

在手动布线时有时需要切换导线所在的信号层，在放置导线的起点后按键盘上数字区的 ＊、＋和－键可以切换当前所绘导线所在的信号层。在切换的过程中，系统自动在上下层的导线连接处放置过孔。

任务训练

1. 选择题
在设置 PCB 自动布线规则时，布线拐角的类型不包括（　　）。

A. 45°　　　　　　B. 90°　　　　　　C. 135°　　　　　　D. 圆

2. 判断题
（1）Altium Designer 软件提供的自动布线器可以按指定元器件或网络进行布线。（　　）
（2）PCB 板编辑界面进行元件布线时采用自动布线即可。　　　　　　　　　　（　　）

任务 9.9　布线结果的检查

在本任务中，首先，学习检查布线路径、信号完整性、规范验证设计准确性和可靠性；其次，讲授如何验证信号的完整性，确保信号在 PCB 布线中的可靠性，完成信号完整性分析和电气规范的相关知识储备。在任务实施过程中，由学生检查设计是否符合电气规范和标准要求。

在所有的布线完成以后可以通过 Design Rule Check 命令对布线的结果进行检查，可以检查出 PCB 中是否有违反设计规则的布线。选择 Tools→Design Rule Check 命令即可打开 Design Rule Checkr 对话框。

单击 Run Design Rule Check 按钮将启动批处理设计规则检查，检查结果将会显示在 Messages 窗口和设计规则检查报告文件中。

当进行布线结果的检查时，以下是一些更详细的步骤和注意事项。

1. 打开布线结果
（1）在 PCB 设计软件中打开已完成的布线结果，确保选择正确的布局文件或者布线文件。
（2）导航到布线编辑器或者布线图层，以便查看布线路径和相关信息。

2. 检查布线路径
（1）逐一检查布线路径，确保路径清晰、简洁且符合设计规范。
（2）查看布线路径的走线方式，尽可能使布线路径直接而简单，避免出现过度弯曲或者绕线过多的情况。
（3）注意检查布线路径中是否有不必要的交叉或者重叠，确保信号线路之间的隔离。

3. 验证信号完整性
（1）使用信号完整性分析工具对布线结果进行验证，检查信号电平、时序和噪声等方面是否符合设计要求。

（2）分析信号线路中是否存在信号回返路径或者信号反射现象，及时进行处理以保证信号传输的稳定性。

4. 检查是否符合电气规范

（1）检查布线是否符合电气规范和标准要求，包括安全间距、最小线宽、最小间距等。

（2）确保信号线和电源线之间保持足够的安全间距，避免电气干扰和信号串扰。

（3）检查布线的线宽和间距是否满足设计要求，确保布线的质量和可靠性。

5. 总结评估

（1）标记出现的问题和不足，如布线路径不合理、信号完整性不达标等。

（2）对每个问题进行分析和定位，找出问题的原因和解决方案。

（3）进行必要的修改和优化，根据需要调整布线路径和参数设置，确保布线结果符合设计要求和标准要求。

通过详细的布线结果检查，可以及时发现并解决布线中的问题，确保设计的可靠性和稳定性。同时，也有助于提高设计水平和布线技术。

🌀 任务训练

请使用思维导图绘制布线结果检查的具体步骤。

任务 9.10　添加泪滴及敷铜

在本任务中，首先，学习使用 PCB 设计软件根据设计需求对泪滴（Teardrops）和敷铜进行优化；其次，讲授选择敷铜的区域、设置铜层参数和连接规则等，进一步了解焊盘和铜层的基本概念，以及其在 PCB 设计中的作用和应用场景。在任务实施过程中，掌握 PCB 设计中加泪滴和敷铜的相关知识，为设计可靠性和性能提供保障。

在本任务中，将学习如何在 PCB 设计中添加泪滴和敷铜。泪滴是指将焊盘与布线之间的连接部分形成类似泪滴状的结构，用于增强焊盘的连接可靠性。而敷铜则是指在 PCB 板的某一区域上铺设铜层，用于连接地平面、填充空白区域或者增强信号线的传输性能。

1. 添加泪滴

选择 Tools→Tear Drops 命令，系统弹出"泪滴选项"对话框，如图 9 – 50 所示。

单击"确定"按钮对焊盘/过孔添加泪滴，添加泪滴前后的焊盘对比如图 9 – 51 所示。

注意：添加泪滴的原因，一是为了图纸的焊盘看起来较为美观，二是在制作 PCB 过程中钻孔时，泪滴可以保护焊盘不被损坏。

图 9 – 50　"泪滴选项"对话框

2. 添加敷铜

网格状填充区又称敷铜，如图 9 – 52 所示。

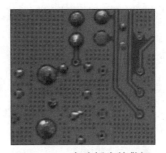

图 9 – 51　添加泪滴前后的焊盘对比
（a）添加泪滴前；（b）添加泪滴后

图 9 – 52　电路板中的敷铜

选择 Place→"多边形敷铜"命令或单击工具栏 ▦ 按钮，系统弹出"多边形敷铜"对话框，如图 9 – 53 所示。

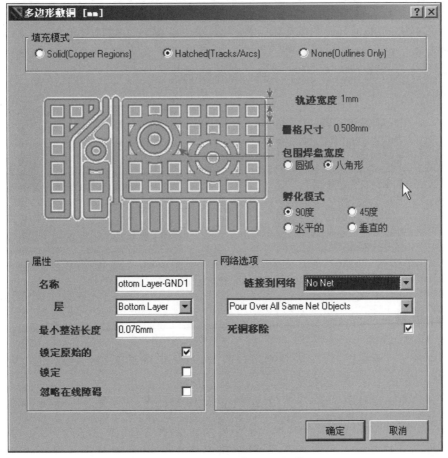

图 9 – 53　"多边形敷铜"对话框

单击"确定"按钮后，光标将变成十字形，连续单击确定多边形顶点，然后右击，系统将在所指定多边形区域内放置敷铜，效果如图 9 - 54 所示。

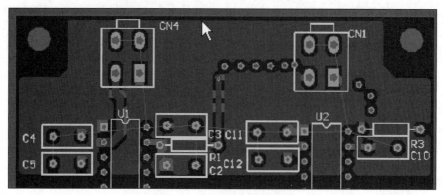

图 9 - 54   放置敷铜后的效果

3. 添加矩形填充

矩形填充如图 9 - 55 所示。

选择 Place→"填充"命令或单击工具栏 ▦ 按钮，此时光标将变成十字形状，在工作窗口中单击确定矩形的左上角位置，然后单击确定右下角坐标，将放置矩形填充，如图 9 - 56 所示。矩形填充可以通过旋转、组合成各种形状。

图 9 - 55   电路板上的矩形填充

图 9 - 56   放置矩形填充后的效果

🌀 任 务 训 练

（1）在项目设计文件（×××. PrjPCB）的 Documents 下新建一个 PCB 图文件，命名为 JDQ. PcbDoc 文档。

（2）使用单面铜箔板，按尺寸（2 in×2 in）进行绘图，人工布局，如图 9 - 57 所示。

（3）在 Mechanical Layer 1 内画出 4 个定位孔，定位孔半径为 50 mil。

（4）电源 VCC 和地线的线宽为 30 mil，其他线宽为 20 mil。

（5）根据设计需求对泪滴和敷铜进行优化，以提高焊盘的连接可靠性和 PCB 的性能表现。

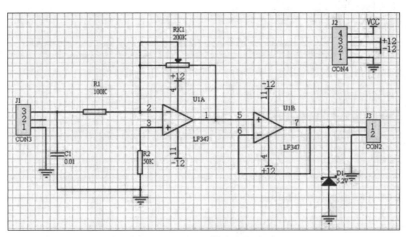

图 9-57　双运算放大器电路

任务 9.11　原理图与 PCB 的同步更新

在本任务中，首先，学习在 Altium Designer 中实现原理图与 PCB 的同步更新；其次，讲授对更新结果进行验证，使 PCB 文件与原理图保持一致，理解同步更新过程中可能出现的问题和解决方法。在任务实施过程中，掌握确认修改并执行同步更新操作，根据需要处理冲突和提示信息。

在本任务中，将学习如何在 Altium Designer 或其他 PCB 设计软件中实现原理图与 PCB 的同步更新。原理图与 PCB 的同步更新是指在进行 PCB 布局和布线后，可以将原理图中的元件和连接更新到 PCB 文件中，保持原理图和 PCB 的一致性，提高设计的效率和准确性。

Altium Designer 提供了原理图与 PCB 图之间的同步更新功能，在任务 9.6 加载网络表时就已经用到了 Altium Designer 的同步更新功能，原理图与 PCB 的同步更新有以下两个方向。

（1）由原理图更新 PCB。

选择原理图编辑器的 Design→Update PCB Document Pcb1. PcbDoc 命令，或者选择 PCB 编辑器的 Design→Import Changes From PCB_ Project1. PrjPCB 命令，系统弹出 "工程变化订单" 对话框。

（2）由 PCB 更新原理图。

选择 PCB 编辑器的 Design→Update Schematics in PCB_ Project1. PrjPCB 命令，系统弹出 "确认更新" 对话框。

更新具体内容如下。

1. 原理图修改

（1）添加、删除或修改原理图中的元件。

（2）修改元件的属性，如参考设计 ator、值等。

（3）调整元件的位置或方向。

（4）修改元件之间的连接关系。

2. PCB 布局更新

（1）自动添加新元件到 PCB 布局中，并放置在合适的位置。

（2）删除原理图中已删除的元件，并清除相关的布局信息。

（3）自动更新布局中已有元件的属性，如参考设计 ator、值等。

（4）调整布局中元件的位置或方向，以保持与原理图的一致性。

（5）自动更新布局中的连接关系，以反映原理图中的修改。

3. 冲突处理

（1）在执行同步更新操作时，可能会出现元件重叠、连接冲突等情况。软件会提供相关提示和警告，需要根据实际情况进行处理。

（2）可能需要手动调整布局中的元件位置或连接关系，以解决冲突。

4. 验证更新结果

（1）执行同步更新后，需要仔细检查布局中的修改，确保与原理图保持一致。

（2）确认新元件的位置和属性是否正确。

（3）检查连接关系是否符合原理图中的修改。

（4）验证更新后布局文件的完整性和准确性。

◎ 任务训练

请使用思维导图绘制原理图与 PCB 同步更新的具体步骤。

技能实训 9. 12　练习

1. 简答题

（1）简述 PCB 自动设计的步骤。

（2）新建 PCB 文件有哪三种方法？

（3）PCB 文档参数包括哪些？

（4）如何管理板层？

（5）如何设置板层颜色和显示？

（6）简述加载网络表文件的过程。

（7）自动布局包括哪两种方式？两者有何区别？

（8）元件编辑操作有哪些？

（9）元件手动布局所需的主要操作有哪些？

（10）影响自动布线的主要规则有哪些？

（11）简述设计规则检查的作用。

（12）简述添加泪滴、敷铜、矩形填充的作用。

（13）如何在 PCB 上放置螺丝孔？

2. 上机操作

（1）新建一个 PCB 文件，在 Keep – Out 层绘制长×宽为 3200 mil×2300 mil 的电气边框，在 Mechanical 1 层绘制物理边框，物理边框与电气边框间距为 50 mil，即 3300 mil×2400 mil。

（2）在上题的基础上，放置尺寸标注于 Mechanical 1 层，在电气边框的四个角分别放置孔径为 3 mm 的固定螺钉孔。

（3）图 9 – 58 所示为三运算放大器电路，采用手动布线为该电路设计单面印制电路板。手动制板完成后，再练习自动双面板的制作。

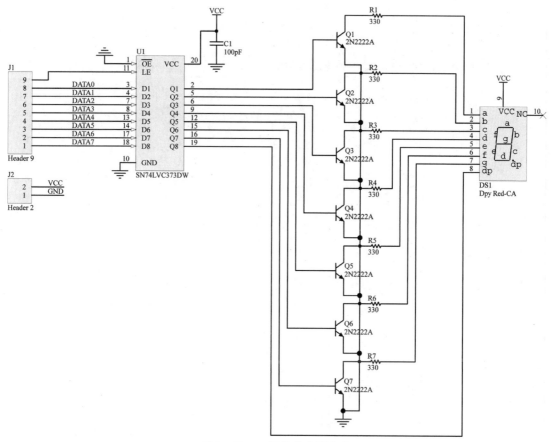

图 9 – 58　三运算放大器电路

学习任务评价表

姓名		班级			学号		
课程名称					时间		
任务名称							

一级指标	二级指标	评估标准	权重系数	得分		
				自评	互评	师评
学习态度及学习习惯（20分）	学习态度	1. 上课遵守纪律，专心听讲，勤操作，勤思考。 2. 不迟到，不早退，考勤状况好。 3. 不打瞌睡，不玩手机	10分			
	学习习惯	1. 认真、按时、独立地完成课堂任务，坚持预习、复习。 2. 上课主动举手，积极回答老师提出的问题，反馈信息。 3. 认真做笔记，课后及时完成老师安排的作业	10分			
任务成绩及技能作业（50分）	任务成绩	得分公式：任务训练成绩占总评成绩的30%	30分			
	技能作业	认真独立地完成老师课后布置的作业，并按时上传到线上平台	20分			
学习能力（30分）	学习方法	1. 能够掌握科学的学习方法。 2. 能够运用已掌握的学习方法解决 EDA 学科中的问题。 3. 课后看视频，登录平台，参与任务讨论并发表讨论话题。 4. 课前有预习和充分准备，课后进行复习并完成作业	10分			
	收集与处理信息的能力	1. 经常阅读电子线路 EDA 技术有关的课外书籍，关注本学科的前沿知识和热点问题。 2. 会通过网络寻找相关资料。 3. 会利用参考书，图书馆阅览室查阅相关资料	5分			
	学生操作协作能力	1. 在学习活动中，积极参与，善于合作，能够在与别人的合作中达到学习的目的。 2. 尊重他人的劳动成果，善于动员别人与自己合作并在合作中提高自己的学习能力，加强团队协作意识和创新精神	10分			

续表

一级指标	二级指标	评估标准	权重系数	得分		
				自评	互评	师评
学习能力 （30分）	个人能力	1. 观察力。 2. 注意力。 3. 记忆力。 4. 思维能力。 5. 扩展能力	5分			
学习效果 （10分）	三维目标	1. 提高学生学习的积极主动性，达到老师要求合格的教学目标。 2. 学会分析和解决问题，锻炼一定的能力。 3. 学生的情感、态度、价值观都得到相应的发展	10分			
总分						

第四部分　拓展篇

项目 10

单片机最小系统 PCB 实例

项目导入

在之前的学习过程中，已经掌握了 Altium Designer 的全部原理图和 PCB 理论知识，现在需要通过一个具体项目"单片机最小系统 PCB 实例"来查漏补缺，巩固和应用所学知识。这个项目将提供一个实践的机会，让学生运用理论知识解决实际问题。项目的选择能够涵盖各个方面的知识点，包括原理图设计、PCB 布局和布线、元件封装、规则设置、制造文件生成等内容。通过完成这个项目，学生将能够更加深入地理解 Altium Designer 的应用，并在实践中发现和解决问题，提高设计能力并积累实践经验。

知识目标

1. 理解 MSP430G2553 微控制器的基本功能和特性；

2. 掌握 PCB 设计软件的基本操作方法，包括创建新项目、绘制原理图、进行布局设计、进行布线等；

3. 了解 PCB 设计中的常见原理和规范，如信号完整性、电源分配、阻抗匹配等。

能力目标

1. 能够根据 MSP430G2553 微控制器的功能和引脚定义，绘制符合要求的原理图；

2. 能够使用 PCB 设计软件进行布局设计，合理安排元件位置，满足电路板尺寸和外形的要求；

3. 能够进行布线设计，连接各个元件并确保布线路径短、直，避免交叉和重叠；

4. 能够添加电源电路和地平面，提供稳定的电源和良好的地连接；

5. 能够进行规则检查，确保设计符合电气和物理要求，并解决可能存在的问题和错误。

素质目标

1. 具有良好的逻辑思维能力，能够理解和分析电路设计的要求和特性；
2. 具有细致耐心的工作态度，能够耐心地进行 PCB 设计过程中的各项操作和调整；
3. 具有团队合作意识，能够与团队成员有效沟通，并协作完成 PCB 设计任务；
4. 具有创新意识，能够针对设计问题提出合理的解决方案，并不断优化和改进设计。

本项目将以实例的方式展示 PCB 设计的过程，示例中所画电路为 MSP430G2553 的最小系统，如图 10 - 1 所示，设计完成的 PCB 如图 10 - 2 所示。

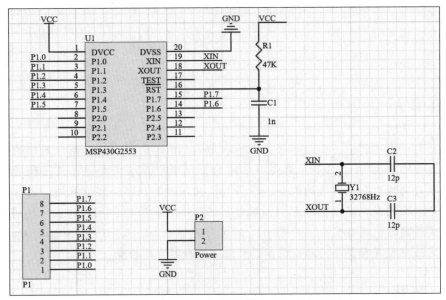

图 10 - 1　MSP430G2553 的最小系统电路原理图

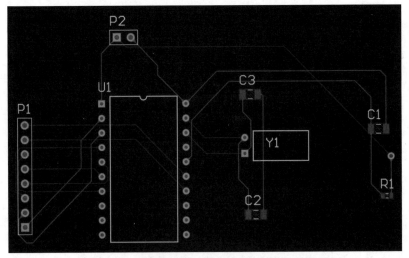

图 10 - 2　MSP430G2553 的最小系统电路 PCB 图

1. 电路概述

（1）描述 MSP430G2553 的最小系统电路概况，包括主要元件、连接关系等。

（2）说明各个元件在系统中的作用和功能。

2. 原理图设计

（1）绘制 MSP430G2553 最小系统的原理图，包括主芯片、晶振、电源电路等元件。

（2）连接各个元件，确保电路的完整性和可靠性。

3. PCB 布局设计

（1）将原理图转换为 PCB 布局，布置各个元件在 PCB 板上的位置。

（2）考虑元件之间的距离、布局紧凑度以及信号线的走向和长度。

4. 布线

（1）进行 PCB 布线，连接各个元件之间的信号线、电源线和地线。

（2）考虑布线的最佳路径、线宽、间距等设计规则。

5. 添加电源电路

（1）设计并添加 MSP430G2553 的电源电路，包括稳压电路、滤波电路等。

（2）确保电源电路能够为系统提供稳定的电压和电流。

6. 泪滴和敷铜

（1）在 PCB 板的适当位置进行加泪滴和敷铜，填充空白区域或连接地平面。

（2）铺设地平面和电源平面，以提高系统的抗干扰能力和信号传输性能。

7. 添加外围元件

（1）根据需要添加外围元件，如 LED 指示灯、按键开关等。

（2）确保外围元件与主系统的连接正确，并考虑外围元件的布局和排布。

8. 完成设计

（1）完成 PCB 布局设计和布线工作。

（2）验证设计的正确性和可靠性，确保 PCB 设计符合 MSP430G2553 的最小系统要求。

以上是展示 MSP430G2553 最小系统 PCB 设计过程的示例内容，涵盖了从原理图设计到 PCB 布局和布线的全过程。

任务训练

请使用思维导图绘制 MSP430G2553 最小系统实例内容。

任务 10.1   PCB 实例绘制的主要流程

单片机最小系统电路的 PCB 实例绘制步骤如下。

（1）新建 PCB 工程及原理图元件库。

（2）制作原理图元件。

（3）建立原理图文件。

（4）给原理图元件添加封装。

（5）创建 PCB。

任务 10.2　创建 PCB 工程

运行 Altium Designer，选择 File→New→Project→PCB Project 命令，新建一个 PCB 工程，如图 10 – 3 所示。选择 File→Save Project 命令，在弹出的对话框中选择保存路径与项目名称，单击 Save 按钮。

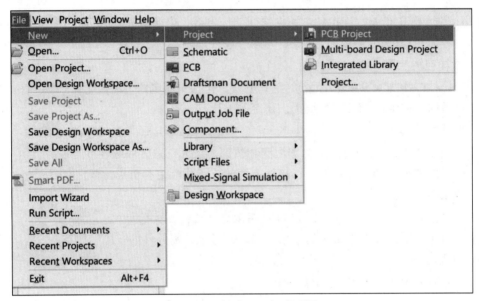

图 10 – 3　新建 PCB 工程项目

任务 10.3　设计电路原理图

10.3.1　新建电路原理图文件

右击刚才新建的项目，选择 Add New to Project →Schematic 命令，在该项目中新建电路原理图，如图 10 – 4 所示。

选择 File→Save 命令（按 Ctrl + S 组合键），在弹出的对话框中填写原理图文件名，单击 Save 按钮。

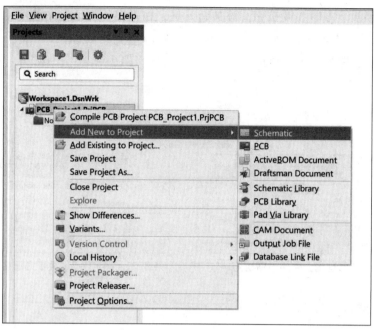

图 10 - 4 新建电路原理图

10.3.2 新建原理图元件库

右击刚才新建的项目,选择 Add New to Project→Schematic Library 命令,按 Ctrl + S 组合键,在弹出的对话框中填写原理图元件库文件名,单击 Save 按钮,如图 10 - 5 所示。

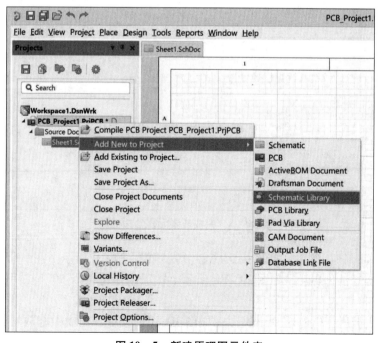

图 10 - 5 新建原理图元件库

单击左侧面板下方的 Add 按钮，添加新元件，在弹出的对话框中填写元件名称，单击 OK 按钮，如图 10-6 所示。

单击图 10-7 所示按钮，画元件边框，如图 10-8 所示。

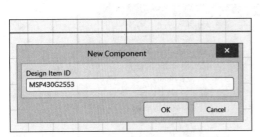

图 10-6　在原理图元件库中新建元件

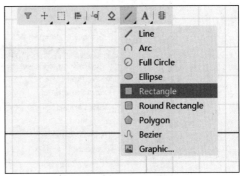

图 10-7　放置方框按钮

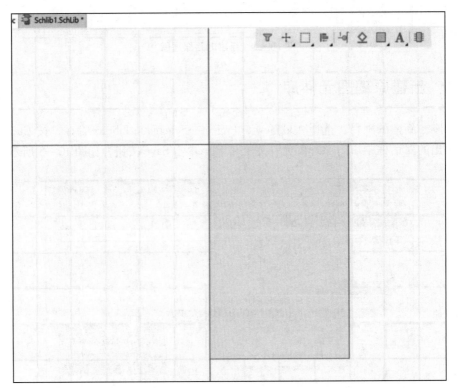

图 10-8　完成放置元器件边框

单击"放置引脚"按钮（或连按两次 P 键），如图 10-9 所示。在引脚为浮动状态时按 Tab 键可以编辑引脚属性，如图 10-10 所示，按下空格键可以 90°旋转引脚，单击即可完成放置。

按照芯片文档所提供的芯片引脚图，如图 10-11 所示，完成引脚放置，如图 10-12 所示。

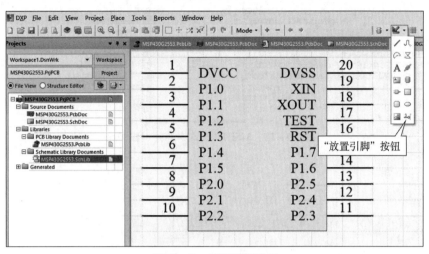

图 10-9　放置引脚按钮

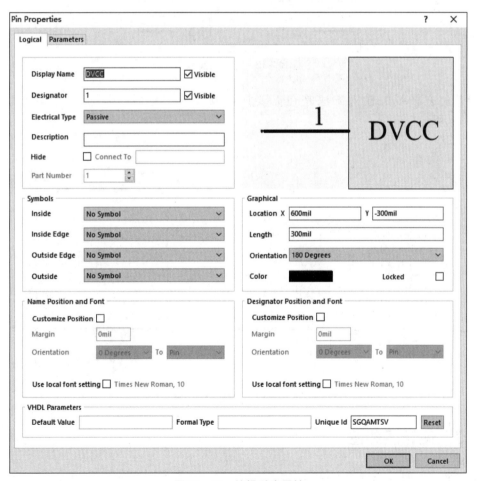

图 10-10　编辑引脚属性

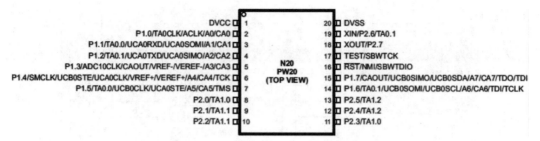

图 10 - 11　MSP430G2553 芯片引脚图

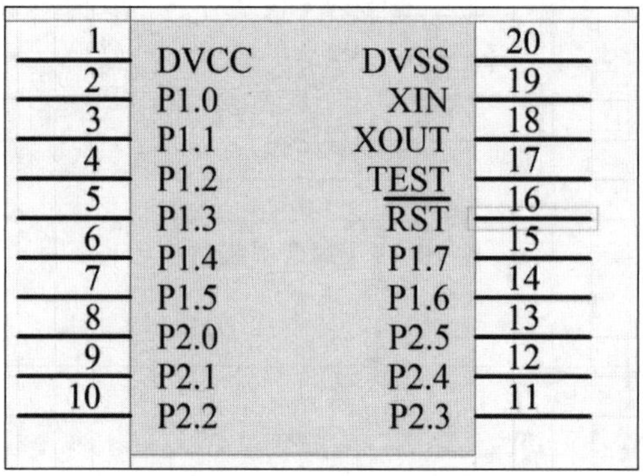

图 10 - 12　完成引脚放置

RST 上方横线的输入方法是在需要加上画线的字母后添加"\"，实现方法如图 10 - 13 所示。

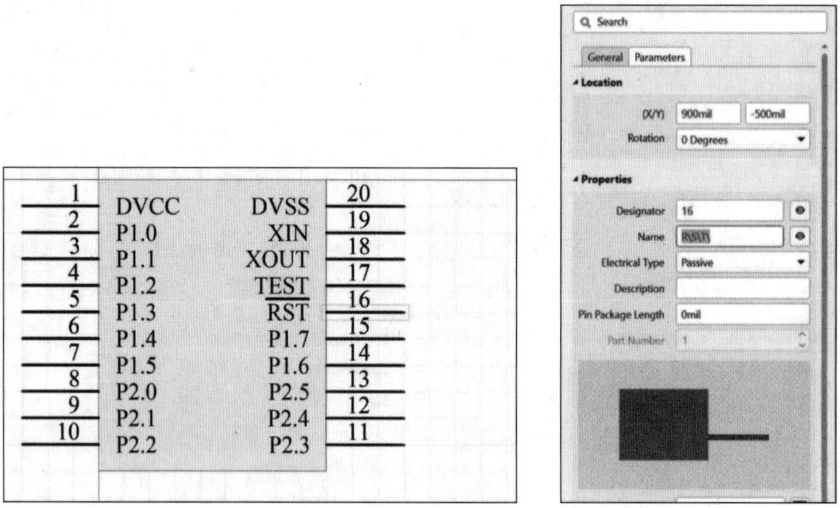

图 10 - 13　上画线的实现

10.3.3　设计原理图

在原理图元件库中选中 MSP430G2553，单击 Place 按钮，如图 10 - 14 所示，将该器件添加到原理图中。

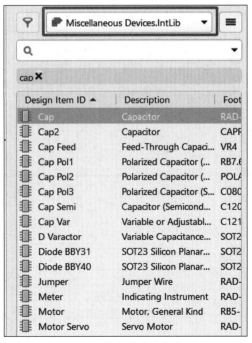

图 10 - 14   添加元件库中的元件到原理图

在右侧 Libraries 的下拉列表框中，选择 Miscellaneous Devices 选项，在 Component Name 一栏中选择所需的元器件，双击即可将其放置到原理图中，如图 10 - 15 所示。放置完所有元器件之后如图 10 - 16 所示。

图 10 - 15   从标准库中添加元件

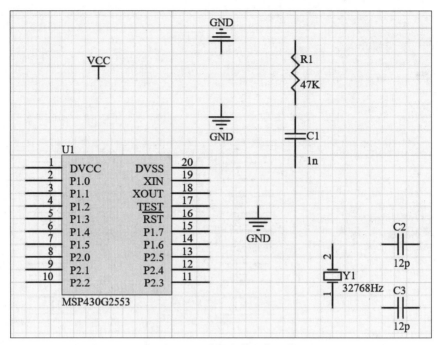

图 10-16 放置完成所有元件

按住 Ctrl 键同时滚动鼠标滚轮（或按住 Ctrl 键之后按住鼠标右键同时移动鼠标）可以实现放大、缩小原理图，按住鼠标右键同时移动鼠标可以实现拖动原理图（这些操作同样适用于原理图库、PCB 封装库与 PCB）。

接插件可以在 Libraries 下拉列表框中选择 Miscellaneous Connectors 选项，找到所需接插件并放置，电源与地可以按照图 10-17 放置。

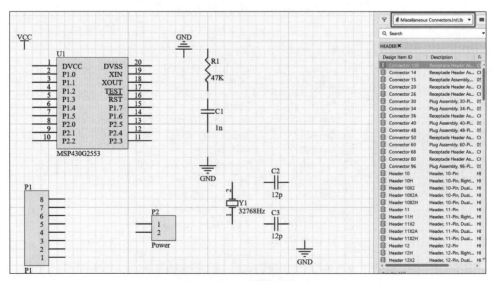

图 10-17 放置电源与地

双击原理图中的元件，可以更改其属性，如更改电阻值大小，如图 10-18 所示。

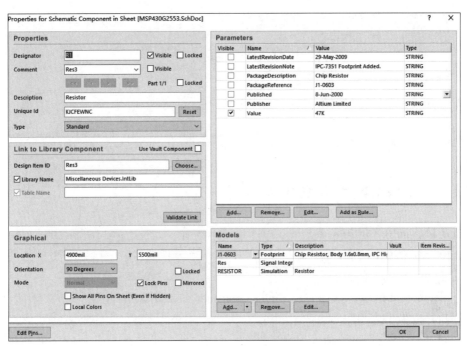

图 10 - 18　更改元件属性

　　连线后的电路原理图如图 10 - 19 所示，其中画电气连接线通过 Place Wire 按钮完成。Place Net Label 按钮可以给某条电气连接线设定标号，相同标号的线之间，系统认为其在电气上相互连接。使用 Net 方式既可以使电路图显得清晰明白，又不影响其电气连接。

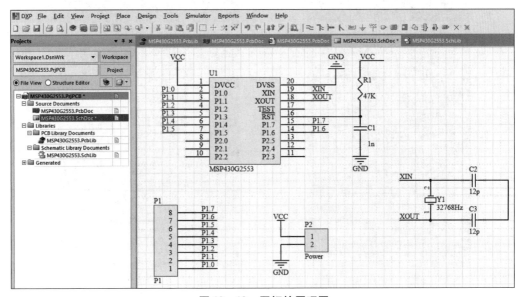

图 10 - 19　画好的原理图

　　选择 Tools→Annotate 命令，在弹出的对话框中单击 Update Changes List 按钮，再单击 Accept Changes 按钮，在弹出的对话框中单击 Validate Changes 按钮，再单击 Execute Changes 按钮完成元件自动编号，单击 Close 按钮关闭该对话框。

任务 10.4　设计 PCB

10.4.1　新建 PCB 文件

右击项目，选择 Add New to Project→PCB 命令，按 Ctrl + S 组合键完成保存。

10.4.2　新建 PCB 元件封装库

右击项目，选择 Add New to Project→PCB Library 命令，按 Ctrl + S 组合键完成保存。在本例中，由于标准库中没有晶振与 MSP430G2553 两个元件的封装，所以需要自己设计，以下将介绍 32768Hz 晶振的封装设计。

右击 Component 区域，选择 New Blank Component，双击新建的元件封装，可以更改封装名称，此处改为 32768Hz。

单击 Place Line 按钮可以画线，若要画边框，需先单击 Top Overlay 标签。单击 Place Pad 按钮可以放置焊盘，单击 Place Arc By Center 按钮等工具可以画圆。具体尺寸需要根据器件实际大小确定，画好后如图 10 - 20 所示。距离测量方法为选择 Reports→Measure Distance 命令，也可以按 Ctrl + M 组合键。同理可完成 MSP430G2553 封装，如图 10 - 21 所示。

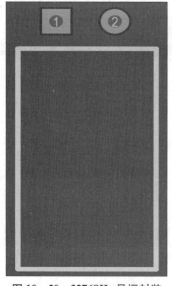

图 10 - 20　32768Hz 晶振封装

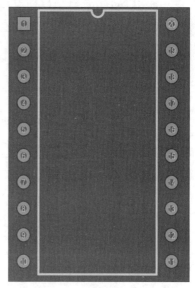

图 10 - 21　MSP430G2553 封装

10.4.3　在原理图中设置每个元件的封装

下面回到原理图，选择 Tools→Footprint Manager 命令，弹出对话框，如图 10 - 22 所示。

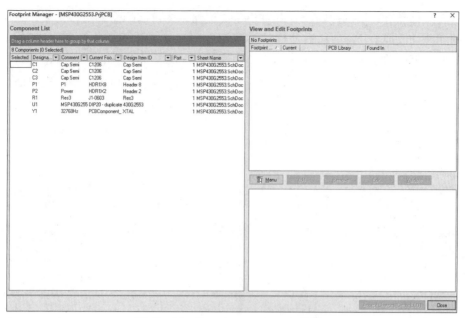

图 10 - 22　Footprint Manager 对话框

在左侧单击需要设置封装的元件，若右侧无封装，则需单击 Add 按钮添加封装，如 MSP430G2553 就需要选择刚才画好的封装 DIP - 20，如图 10 - 23 所示。

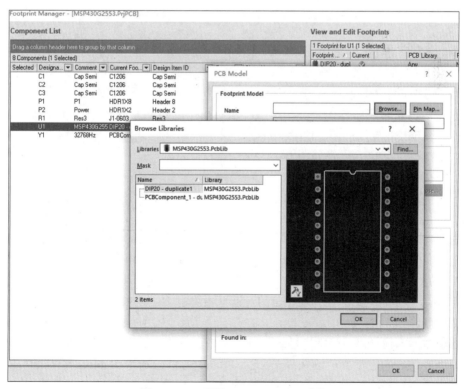

图 10 - 23　设置 MSP430G2553 封装

若所选元件已有封装的，需要查看封装是否正确，按自己的需要更改封装，在本例中，将电容的封装均改成 C1206。所有元件的封装均更改完成之后，单击 Accept Changes 按钮，在弹出的对话框中单击 Validate Changes 按钮，再单击 Execute Changes 按钮完成封装设置，单击 Close 按钮关闭对话框。此时，可再次选择 Tools→Footprint Manager 命令，在弹出的对话框中查看封装设置是否正确，正确设置如图 10 - 24 所示。

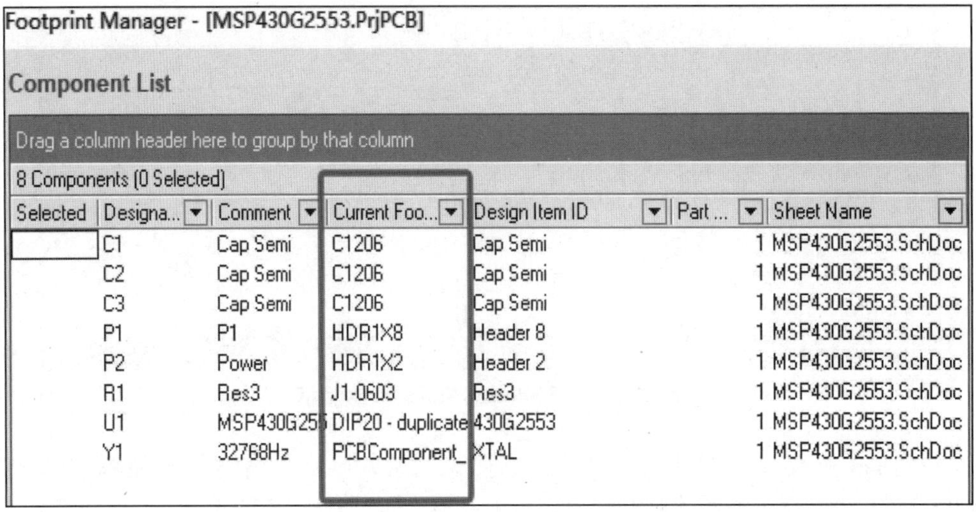

图 10 - 24　正确设置好封装

10.4.4　将原理图更新到 PCB 文件

首先确保项目中的原理图文件与 PCB 文件均处于打开状态，并且原理图上的元件封装已经设置完毕，此时在原理图下，选择 Design→Update PCB Document PCB1. PcbDoc 命令，在弹出的对话框中单击 Validate Changes 按钮，再单击 Execute Changes 按钮，单击 Close 按钮关闭对话框，生成 PCB 文件如图 10 - 25 所示。

10.4.5　放置元器件

单击红色底面部分，按 Delete 键将其删除，将元件摆放到黑色区域，通过按空格键可以旋转元件。然后在 Keep - Out Layer 画出可以布线的区域，如图 10 - 26 所示。

布线分为手动布线和自动布线，当然也可以先自动布线再手动布线。下面介绍自动布线，选择 Auto Route→All 命令，在弹出的对话框中单击 Route All 按钮，等待布线完成，如图 10 - 27 所示。

在提示布线完成且没有失败之后，即可看到已经布线完成的 PCB，如图 10 - 28 所示。

若要更改布线的线宽，可以选择 Design→Rules 命令，选中 Routing→Width→Width 节点，按照需求进行更改，如图 10 - 29 所示。PCB 设计中的所有规则均在这里更改。

若要取消已经自动布好的线，可以选择 Tools→Un - Route→All 命令。

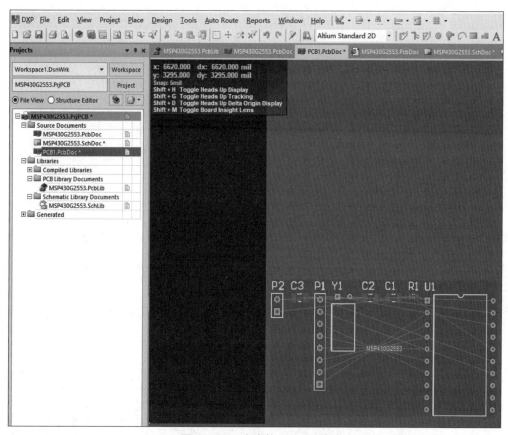

图 10 – 25　生成的 PCB 文件

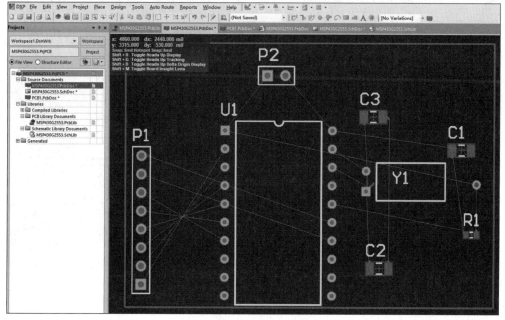

图 10 – 26　摆放好元器件

Class	Document	Source	Message	Time	Date	No.
Situs E...	MSP430G2553.P...	Situs	Routing Started	22:57:25	2024/4/2	1
Routin...	MSP430G2553.P...	Situs	Creating topology map	22:57:26	2024/4/2	2
Situs E...	MSP430G2553.P...	Situs	Starting Fan out to Plane	22:57:26	2024/4/2	3
Situs E...	MSP430G2553.P...	Situs	Completed Fan out to Plane in 0 Seconds	22:57:26	2024/4/2	4
Situs E...	MSP430G2553.P...	Situs	Starting Memory	22:57:26	2024/4/2	5
Situs E...	MSP430G2553.P...	Situs	Completed Memory in 0 Seconds	22:57:26	2024/4/2	6
Situs E...	MSP430G2553.P...	Situs	Starting Layer Patterns	22:57:26	2024/4/2	7
Routin...	MSP430G2553.P...	Situs	Calculating Board Density	22:57:26	2024/4/2	8
Situs E...	MSP430G2553.P...	Situs	Completed Layer Patterns in 0 Seconds	22:57:26	2024/4/2	9
Situs E...	MSP430G2553.P...	Situs	Starting Main	22:57:26	2024/4/2	10
Routin...	MSP430G2553.P...	Situs	Calculating Board Density	22:57:26	2024/4/2	11
Situs E...	MSP430G2553.P...	Situs	Completed Main in 0 Seconds	22:57:26	2024/4/2	12
Situs E...	MSP430G2553.P...	Situs	Starting Completion	22:57:26	2024/4/2	13
Situs E...	MSP430G2553.P...	Situs	Completed Completion in 0 Seconds	22:57:26	2024/4/2	14
Situs E...	MSP430G2553.P...	Situs	Starting Straighten	22:57:26	2024/4/2	15
Situs E...	MSP430G2553.P...	Situs	Completed Straighten in 0 Seconds	22:57:26	2024/4/2	16
Routin...	MSP430G2553.P...	Situs	19 of 19 connections routed (100.00%) in 0 Seconds	22:57:26	2024/4/2	17
Situs E...	MSP430G2553.P...	Situs	Routing finished with 0 contentions(s). Failed to complete 0 connection(s) in...	22:57:26	2024/4/2	18

图 10－27　布线信息

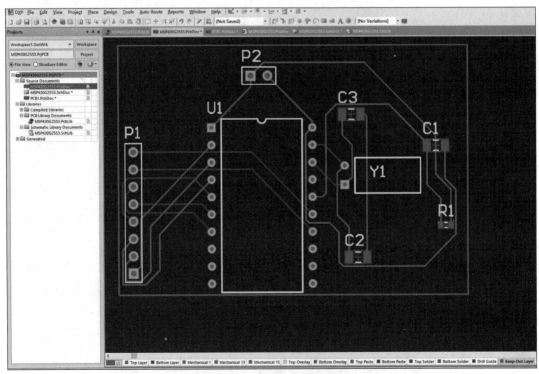

图 10－28　布线完成后的 PCB

图 10 – 29　PCB 设计规则设置

任务 10.5　其他常用操作

10.5.1　泪滴焊盘

选择 Tools→Tear Drops 命令，在弹出的对话框中单击 OK 按钮，即完成泪滴焊盘。

10.5.2　敷铜

选择 Place→Polygon Pour 命令，在弹出的对话框中可选择在哪一层敷铜，可设置将敷铜连接到哪个电气连接点，设置完后如图 10 – 30 所示，单击 OK 按钮。此时鼠标呈十字，顺时针依次单击 PCB 中在 Keep – Out Layer 所画方框的 4 个顶点，再右击确定，软件将自动完成敷铜，如图 10 – 31 所示。同理可在 Bottom Layer 完成敷铜。

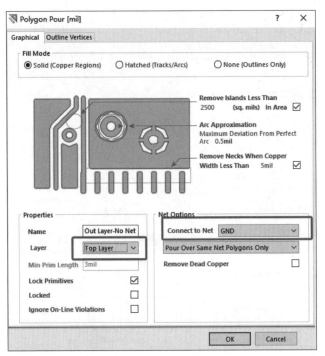

图 10 – 30 "多边形敷铜"对话框

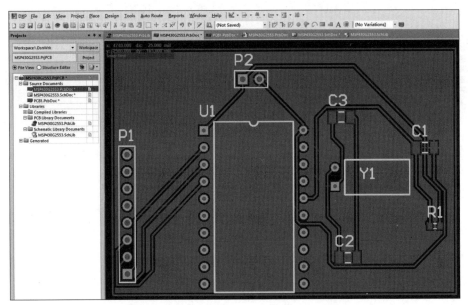

图 10 – 31 完成在 Keep – Out Layer 敷铜

10.5.3 输出物料清单

打开原理图，选择 Reports→Bill of Materials 命令，在弹出的对话框中可以设置需要输出的物料清单中所包含的项目，如图 10 – 32 所示。设置完成后单击 Export 按钮，即可保存物料清单。

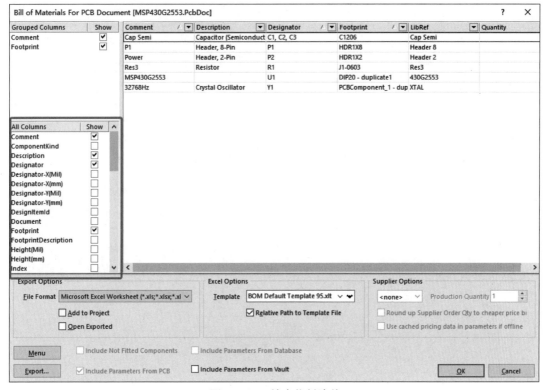

图 10 – 32 输出物料清单

任务训练

请使用 Altium Designer 绘制 MSP430G2553 的最小系统原理图与 PCB 相关的各种文件。

技能实训 10.5 练习

（1）简述 PCB 工程文件的建立方法。

（2）简述原理图元件库的绘制及封装的添加方法。

（3）如何绘制 PCB 封装库中的元件？

（4）如何在 PCB 中导入原理图？

（5）如何设置 PCB 规则？

（6）如何对 PCB 板进行布局？

（7）如何对 PCB 板进行布线？

（8）简述 PCB 的泪滴、敷铜、过孔的添加方法。

学习任务评价表

姓名		班级		学号	
课程名称				时间	
任务名称					

一级指标	二级指标	评估标准	权重系数	得分		
				自评	互评	师评
学习态度及学习习惯（20分）	学习态度	1. 上课遵守纪律，专心听讲，勤操作，勤思考。 2. 不迟到，不早退，考勤状况好。 3. 不打瞌睡，不玩手机	10分			
	学习习惯	1. 认真、按时、独立地完成课堂任务，坚持预习、复习。 2. 上课主动举手，积极回答老师提出的问题，反馈信息。 3. 认真做笔记，课后及时完成老师安排的作业	10分			
任务成绩及技能作业（50分）	任务成绩	得分公式：任务训练成绩占总评成绩的30%	30分			
	技能作业	认真独立地完成老师课后布置的作业，并按时上传到线上平台	20分			
学习能力（30分）	学习方法	1. 能够掌握科学的学习方法。 2. 能够运用已掌握的学习方法解决 EDA 学科中的问题。 3. 课后看视频，登录平台，参与任务讨论并发表讨论话题。 4. 课前有预习和充分准备，课后进行复习并完成作业	10分			
	收集与处理信息的能力	1. 经常阅读电子线路 EDA 技术有关的课外书籍，关注本学科的前沿知识和热点问题。 2. 会通过网络寻找相关资料。 3. 会利用参考书，图书馆阅览室查阅相关资料	5分			
	学生操作协作能力	1. 在学习活动中，积极参与，善于合作，能够在与别人的合作中达到学习的目的。 2. 尊重他人的劳动成果，善于动员别人与自己合作并在合作中提高自己的学习能力，加强团队协作意识和创新精神	10分			

一级指标	二级指标	评估标准	权重系数	得分		
				自评	互评	师评
学习能力 （30 分）	个人能力	1. 观察力。 2. 注意力。 3. 记忆力。 4. 思维能力。 5. 扩展能力	5 分			
学习效果 （10 分）	三维目标	1. 提高学生学习的积极主动性，达到老师要求合格的教学目标。 2. 学会分析和解决问题，锻炼一定的能力。 3. 学生的情感、态度、价值观都得到相应的发展	10 分			
总分						

项目 11

制作微控制器电路板

项目导入

通过项目 10，已经复习了 Altium Designer 的全部原理图和 PCB 相关理论知识，通过实际项目来巩固所学知识并发现潜在的盲点和不足之处。本项目将继续探讨项目 3 和项目 4 的原理图和 PCB 的问题。这个项目将提供一个实践的平台，将所学的理论知识转化为实际操作能力。通过参与项目，将能够更深入地了解 Altium Designer 的各项功能，并在实践中发现和解决问题，提高读者的设计技能和应对复杂情况的能力。项目选择具有一定的挑战性和综合性，能够涵盖原理图设计、PCB 布局、布线规划、设计规则设置等多个方面，以确保全面掌握软件的应用技巧。通过完成这个项目，学生将能够更自信地运用 Altium Designer 进行电路设计和布局，并为未来的工程实践做好准备。

知识目标

1. 了解不同类型微控制器的特性和应用领域，包括处理器架构、内存、外设等方面的知识；

2. 掌握 Altium Designer 软件的各项功能和工具，包括原理图设计、PCB 布局、布线等方面的知识；

3. 掌握 PCB 设计流程中的各个环节，包括原理图设计、布局设计、布线设计、规则设置、输出生成等方面的知识；

4. 掌握 Altium Designer 中与微控制器相关的工具和技巧，如库管理、封装创建、信号完整性分析等方面的知识。

◎ 能力目标

1. 能够根据微控制器的规格书和引脚定义，合理地设计原理图，包括正确连接外部器件、设置电源管理、通信接口等功能；

2. 能够利用 Altium Designer 进行 PCB 布局设计，合理地安排微控制器和外部器件的位置，考虑电路板尺寸、散热、电磁兼容等因素；

3. 能够进行布线设计，根据电路板的功能要求和设计规范，进行合理的布线，包括信号线、电源线、地线的布线方式和走线规则；

4. 能够进行信号完整性分析，评估布线是否满足高速信号传输的要求，如控制时钟、匹配阻抗等方面的能力。

◎ 素质目标

1. 具有团队合作意识，能够与团队成员共同协作，共同解决设计过程中的问题，提高团队协作效率；

2. 具有创新意识，能够针对设计过程中的挑战和问题，提出创新性的解决方案，不断优化和改进设计；

3. 具有细致耐心的工作态度，能够耐心地进行 PCB 设计过程中的各项操作和调整，确保设计的准确性和质量；

4. 具备自我学习能力，能够不断学习和掌握新的 PCB 设计技术和工具，不断提升自己的专业水平和能力。

任务 11.1　绘制电路元件

在进行 PCB 设计之前，先要建立工程文件和里面的原理图文件、PCB 文件、原理图库、PCB 库。

任务 11.2　创建元件封装

DIP8 的封装如图 11-1 所示。

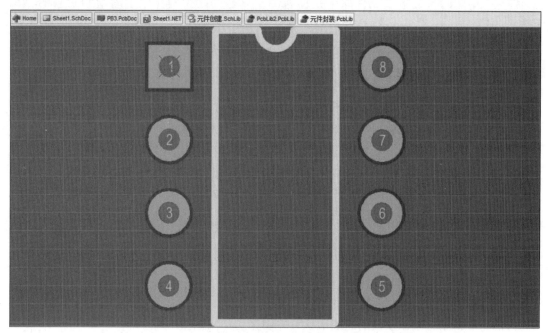

图 11 - 1　DIP8 的封装

任务 11.3　手动绘制 PCB 元件

手动绘制电阻封装如图 11 - 2 所示。

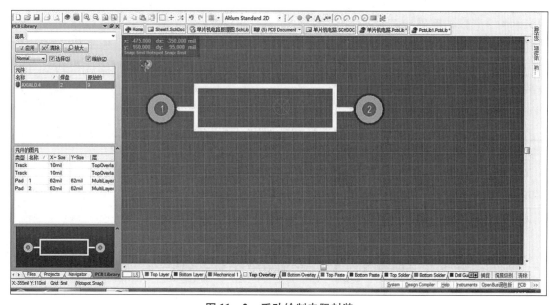

图 11 - 2　手动绘制电阻封装

注意：电阻的封装集成元件库中是存在的，只是以此为例介绍手动绘制封装的方法而已。

任务 11.4 给元件添加封装

在 Altium Designer 中给元件添加封装可以通过以下步骤完成。

1. 打开封装编辑器

打开 Altium Designer 软件，在左侧项目面板中选择封装库或者创建新的封装库。然后在库文件夹中选择你要编辑的封装或者创建一个新的封装。

2. 创建新封装

如果要创建一个新的封装，右击选择创建新封装。如果要编辑现有封装，双击该封装文件以打开编辑器。

3. 绘制封装

在封装编辑器中，使用各种绘图工具（如线段、圆、矩形等）来绘制元件的外形。根据元件的封装规格，绘制正确的封装形状，并确保引脚位置和排列正确。

4. 定义引脚

使用引脚工具在封装中定义引脚。根据元件的引脚定义，依次添加引脚，并指定引脚的名称、类型（输入、输出、电源等）、功能等信息。

5. 编辑封装属性

添加其他必要的封装属性，如封装名称、制造商信息、版本号等。

6. 验证封装

验证创建的封装是否符合元件的实际尺寸和引脚定义。可以通过查看封装图形和引脚定义来确认封装的准确性。

7. 保存封装

完成封装的绘制和定义后，保存封装文件。在保存时，可以选择将封装保存到已有的封装库中，或者创建新的封装库。

8. 在 PCB 布局中使用封装

将已创建或编辑的封装添加到 PCB 布局中使用。在 PCB 布局中，可以从封装库中选择并拖放封装到布局中，并与其他元件连接。

通过以上步骤，使用 Altium Designer 为元件添加封装，并将其用于 PCB 设计中。确保在创建或编辑封装时，准确地绘制封装形状和定义引脚，以确保后续 PCB 布局的准确性和可靠性。

任务 11.5 绘制单片机原理图

绘制好的单片机原理图如图 11-3 所示。

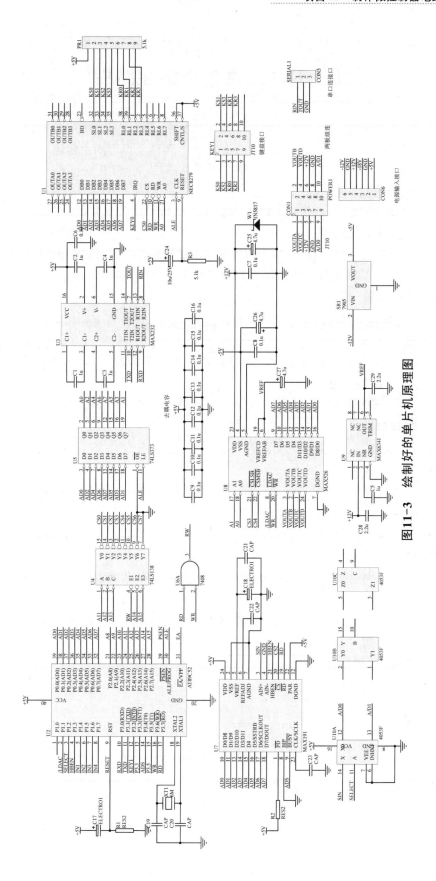

图11-3　绘制好的单片机原理图

任务 11.6　建立 PCB 电路板

原理图的设计完成后，接下来是将其转换为 PCB 电路板。可以遵循如下步骤。

（1）创建新的 PCB 文件：在 Altium Designer 中，可以从原理图中创建一个新的 PCB 文件。在菜单栏中选择 File→New→PCB 命令，然后选择 Create PCB from Schematic 命令，并选择对应的原理图文件。

（2）导入封装信息：一旦创建了新的 PCB 文件，封装信息会被自动导入。这包括元件的封装、引脚定义和连接信息。

建立 PCB 电路板的电气边界和物理边界是非常重要的，它们有助于确定 PCB 板的尺寸和元件的放置位置。以下是建立电气边界和物理边界的一般步骤。

1. 确定电气边界

（1）电气边界定义了电路板上电气元件的范围，包括连接到电路板上的所有元器件和电气信号线。

（2）确定电气边界时，要考虑所有连接到电路板的信号源、负载和外部接口。这些可以包括传感器、连接器、通信接口等。

（3）在原理图中标记电气边界，以明确显示电路板上电气元件的范围。

2. 确定物理边界

（1）物理边界定义了电路板的实际尺寸和外形。它确定了电路板的尺寸、形状和放置元件的空间。

（2）考虑 PCB 制造和装配的要求，如 PCB 板的最大尺寸、连接器和外部接口的位置、安装孔的位置等。

（3）在 PCB 布局软件中设置物理边界，可以通过绘制边框或定义边界框来完成。

3. 考虑保护区域

（1）在物理边界内部，为了保护关键元件和电路，可以设置保护区域。这些区域可以用于放置屏蔽器、隔离器、电源滤波器等。

（2）确保保护区域与其他元件之间有足够的空间，避免产生干扰和故障。

4. 调整元件位置

（1）根据电气边界和物理边界，调整元件的位置和方向，确保它们在 PCB 板上的布局符合设计要求。

（2）确保元件之间的距离足够大，以便进行布线和安装。

5. 验证边界

（1）在完成布局设计之后，进行边界验证，确保电气边界和物理边界的设置符合设计要求和标准。

（2）检查边界是否满足 PCB 制造和装配的要求，如最小线宽、最小间距、最小孔径等。

任务 11.7 PCB 板的制作

11.7.1 原理图封装检查

用封装管理器检查所有元件的封装。在主菜单栏中选择 Tools→Footprint Manager 命令，显示图 11-4 所示的对话框。在该对话框中单击左侧栏中的每个元件，如果在右下角有封装预览，则说明封装已经添加，如果预览是空白的，则需要手动添加封装。

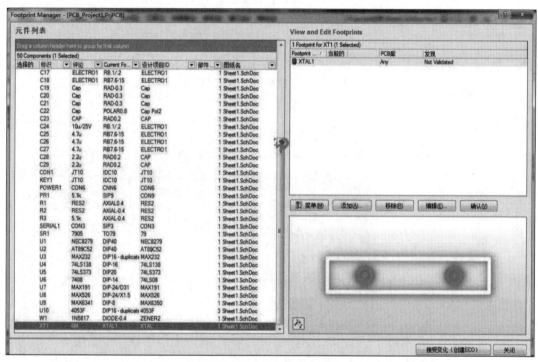

图 11-4 检查封装对话框

11.7.2 原理图导入 PCB

封装检查无误后，将原理图导入 PCB。打开原理图文件，在原理图编辑器中选择 Design→Update PCB Document 命令，出现"工程更改顺序"对话框，单击"执行更改"按钮，如图 11-5 所示。该对话框中的状态栏中的检测和完成都是绿色的对钩，说明没有错误。

单击"生效更改"按钮及"关闭"按钮，原理图元件已经导入到 PCB 文件中了，并且元件也放在 PCB 边框的外面以准备放置，如图 11-6 所示。

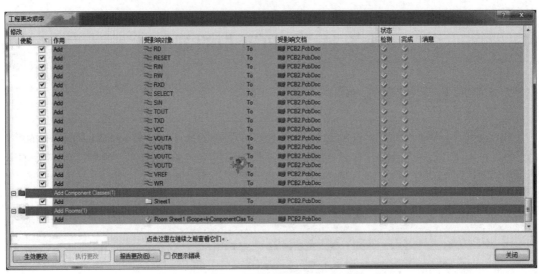

图 11 - 5 "工程更改顺序"对话框

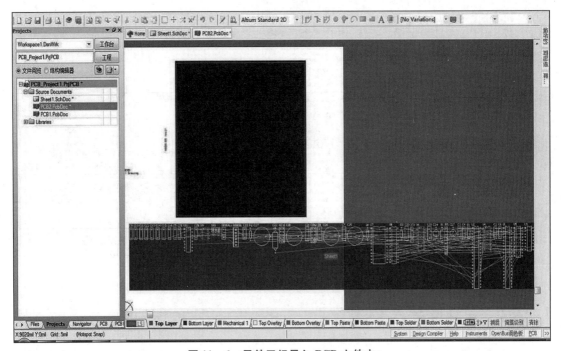

图 11 - 6 元件已经导入 PCB 文件中

将元件拖动到 PCB 上定位,即进行布局,如图 11 - 7 所示。

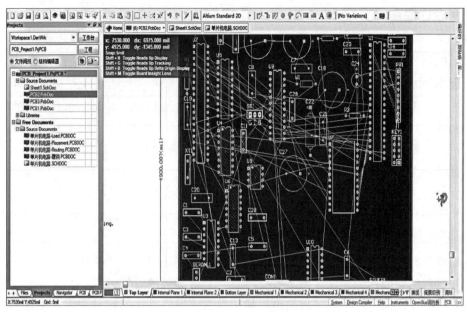

图 11 - 7　元件布局

11.7.3　布线规则的设置

当设置 PCB 布线规则时，需要考虑到以下方面的详细设置。

1. 信号引脚间距规则

（1）定义不同信号引脚之间的最小间距，以确保信号之间不会发生干扰或串扰。

（2）可以根据不同信号的特性和要求，设置不同的间距。

2. 差分对引脚间距规则

（1）对于差分信号线，设置正、负两个信号引脚之间的间距和匹配要求，以确保信号完整性。

（2）确保正、负信号在布线过程中保持匹配，以减少串扰和传输失真。

3. 信号线宽度规则

（1）确定信号线的宽度，以满足电流承载能力和阻抗匹配要求。

（2）通常根据信号的电流要求、阻抗控制和板厚等因素来设置。

4. 电源线宽度规则

（1）确定电源线的宽度，以满足电流承载能力和功率分配要求。

（2）考虑到电流大小、板厚、铜箔厚度等因素进行设置。

5. 地线宽度规则

（1）设置地线的宽度，以确保良好的地引脚连接和地平面布局。

（2）地线的宽度通常要比信号线宽，以确保地回路的稳定性和低电阻。

6. 信号层和电源层的间距规则

（1）设置信号层和电源层的间距，以避免干扰和电磁辐射。

（2）考虑到信号完整性、电磁兼容性和 PCB 层间耦合等因素进行设置。

7. 阻抗匹配规则

（1）对于高速信号线，设置阻抗匹配要求，以确保信号完整性和传输质量。

（2）根据设计需求和信号频率等因素，设置正确的阻抗匹配规则。

8. 差分对长度匹配规则

（1）对于差分信号线，设置正、负两个信号引脚之间的长度匹配要求，以确保信号同步和减少串扰。

（2）确保差分信号的两条线路长度相等或相近，以减少信号失真和时序偏差。

9. 最小孔径规则

（1）设置 PCB 上最小孔径的大小，以确保焊盘和过孔的可靠连接。

（2）考虑到 PCB 制造工艺、焊接要求和器件引脚间距等因素进行设置。

10. 丝印规则

（1）设置丝印的大小、间距和清晰度，以便 PCB 制造时可以清晰可读。

（2）确保丝印的大小和位置不会影响到 PCB 布线和焊接过程。

以上规则是在设计 PCB 时常见的布线规则设置，根据具体的设计要求和电路特性，还可以进一步进行定制和调整。

11.7.4　布线

11.7.3 节已经设置了线宽规则，本节开始介绍布线。

（1）在主菜单中选择 Auto Route→All 命令。

（2）弹出 Situs Routing Strategies 对话框，单击 Route All 按钮，Messages 窗口会显示自动布线的过程，如图 11 - 8 所示。

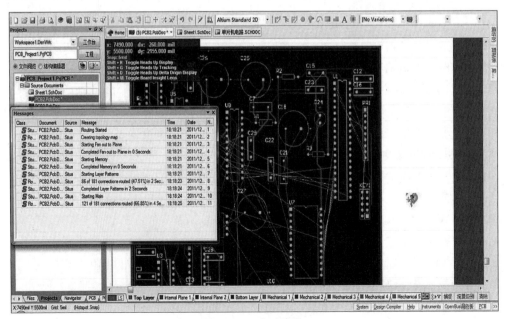

图 11 - 8　自动布线

（3）自动布线完成后的效果，如图 11 - 9 所示。

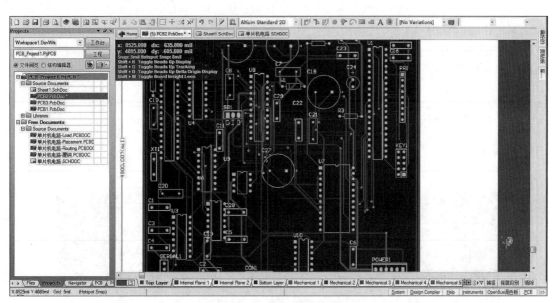

图 11 - 9　自动布线的效果

11.7.5　放置泪滴及敷铜

在 Altium Designer 中放置泪滴和敷铜可以通过以下步骤完成。

1. 放置泪滴设置

（1）在 PCB 布局编辑器中，选择 Design 菜单下的 Rules 命令，打开 Design Rules 对话框。

（2）在 Design Rules 对话框中，选择 Routing→Routing Via Style 规则。

（3）在右侧列表中双击 Routing Via Style 规则，进入编辑模式。

（4）在 Routing Via Style 规则编辑窗口中，可以设置泪滴类型，包括连接线到过孔的泪滴类型、大小和形状等参数。

（5）设置完毕后，单击 OK 按钮保存设置并关闭窗口。

2. 放置敷铜设置

（1）在 PCB 布局编辑器中，选择 Design 菜单下的 Rules 命令，打开 Design Rules 对话框。

（2）在 Design Rules 对话框中，选择 Polygon Pours 选项卡，在左侧列表中找到 Polygon Connect Style 规则。

（3）在右侧列表中双击 Polygon Connect Style 规则，进入编辑模式。

（4）在 Polygon Connect Style 规则编辑窗口中，可以设置 Minimum Thermal Connection，以及 Clearance 等参数，确定敷铜与其他元件之间的连接方式和间距。

（5）设置完毕后，单击 OK 按钮保存设置并关闭窗口。

完成上述设置后，可以在 PCB 布局编辑器中使用相应的工具来放置泪滴和敷铜。

（1）放置泪滴：在布线过程中，当需要与过孔连接时，Altium Designer 会根据设置的泪滴规则自动放置泪滴。

（2）放置敷铜：使用敷铜工具可以在 PCB 布局中放置敷铜，以填充指定区域并与相邻的电路网和过孔连接。

11.7.6　放置过孔

在 PCB 的 4 个角上放置过孔，如图 11 – 10 所示。

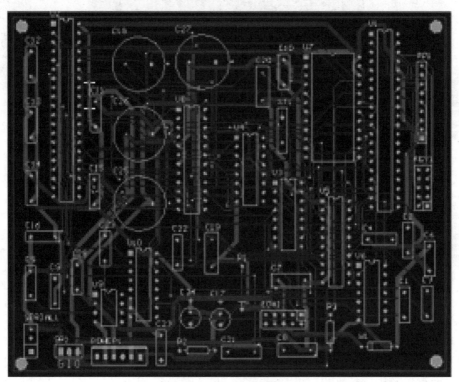

图 11 – 10　放置过孔

11.7.7　PCB 敷铜

敷铜后的效果如图 11 – 11 所示。

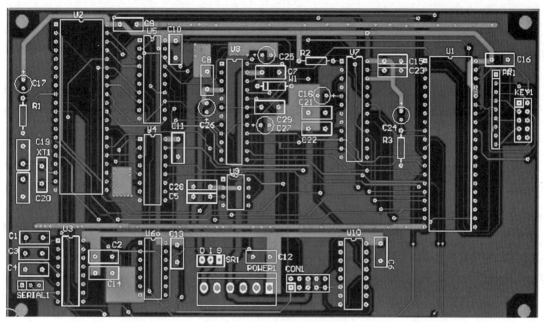

图 11－11　敷铜后的效果图

到此为止，整个单片机电路制作完成。

任务训练

请使用 Altium Designer 绘制微控制器电路板原理图与 PCB 相关的各种文件。

学习任务评价表

姓名		班级			学号		
课程名称					时间		
任务名称							

一级指标	二级指标	评估标准	权重系数	得分		
				自评	互评	师评
学习态度及学习习惯(20分)	学习态度	1. 上课遵守纪律，专心听讲，勤操作，勤思考。 2. 不迟到，不早退，考勤状况好。 3. 不打瞌睡，不玩手机	10分			
	学习习惯	1. 认真、按时、独立地完成课堂任务，坚持预习、复习。 2. 上课主动举手，积极回答老师提出的问题，反馈信息。 3. 认真做笔记，课后及时完成老师安排的作业	10分			
任务成绩及技能作业(50分)	任务成绩	得分公式：任务训练成绩占总评成绩的30%	30分			
	技能作业	认真独立地完成老师课后布置的作业，并按时上传到线上平台	20分			
学习能力(30分)	学习方法	1. 能够掌握科学的学习方法。 2. 能够运用已掌握的学习方法解决EDA学科中的问题。 3. 课后看视频，登录平台，参与任务讨论并发表讨论话题。 4. 课前有预习和充分准备，课后进行复习并完成作业	10分			
	收集与处理信息的能力	1. 经常阅读电子线路EDA技术有关的课外书籍，关注本学科的前沿知识和热点问题。 2. 会通过网络寻找相关资料。 3. 会利用参考书，图书馆阅览室查阅相关资料	5分			
	学生操作协作能力	1. 在学习活动中，积极参与，善于合作，能够在与别人的合作中达到学习的目的。 2. 尊重他人的劳动成果，善于动员别人与自己合作并在合作中提高自己的学习能力，加强团队协作意识和创新精神	10分			

续表

一级指标	二级指标	评估标准	权重系数	得分		
				自评	互评	师评
学习能力（30分）	个人能力	1. 观察力。 2. 注意力。 3. 记忆力。 4. 思维能力。 5. 扩展能力	5分			
学习效果（10分）	三维目标	1. 提高学生学习的积极主动性，达到老师要求合格的教学目标。 2. 学会分析和解决问题，锻炼一定的能力。 3. 学生的情感、态度、价值观都得到相应的发展	10分			
总分						

项目 12

Altium Designer 中的电路仿真

ⓖ 项目导入

　　Altium Designer 是一款功能强大的电路设计软件，旨在帮助设计人员开发新一代智能、互连的电子产品。它整合了传统设计领域的工作流程，提升了设计的抽象水平，为智能化电子产品的设计和部署提供了全面解决方案。

　　运用 Aultium Designer 的仿真功能，可以有效地对电路图进行仿真，得到有用的数据，对电路的设计有着极大的帮助。在 Altium Designer 中，SPICE 仿真可以足够真实地反映电路特性，能极其方便、快捷、经济地实现电路结构的优化设计，电路仿真是以混合模式进行的，能够同时分析模拟和数字器件的电路。其 SPICE 仿真功能能够快速、准确地模拟电路特性，为电路结构的优化设计提供高效便捷的手段。这种能力为设计人员提供了更多的信心和便利，使他们能够更有效地开发出高质量、高性能的电子产品，这对于缩短产品开发周期、降低开发成本、提高产品性能和竞争力具有重要意义。

ⓖ 知识目标

　　1. 了解 Altium Designer 中电路仿真的基本概念和原理，包括混合模式仿真和 SPICE 仿真等；

　　2. 掌握 Altium Designer 中电路仿真的操作流程和基本步骤，包括建立仿真模型、设置仿真参数、运行仿真等；

　　3. 理解电路仿真在电子产品设计中的重要性和应用场景，以及其对电路设计优化和产品性能提升的作用。

ⓖ 能力目标

　　1. 能够使用 Altium Designer 进行电路仿真，包括建立仿真模型、导入电路图、设置仿真参数、运行仿真等操作；

2. 能够分析仿真结果，评估电路的性能和稳定性，并根据需要进行电路设计的优化和改进；

3. 能够利用仿真工具解决电路设计中的问题和挑战，提高设计的准确性和可靠性。

素质目标

1. 具备对电路仿真的探索精神和学习能力，能够不断地学习和掌握新的仿真技术和工具；

2. 具备分析和解决问题的能力，能够灵活运用仿真工具解决实际的电路设计和优化问题；

3. 具备团队合作意识，能够与团队成员共同协作，共同解决仿真过程中遇到的问题，达到项目的目标和要求。

任务 12.1　电路仿真功能介绍

在本任务中，首先，介绍电路仿真的基本概念、类型和功能；其次，演示如何建立电路仿真模型、导入电路图、配置仿真参数，对电子元件的基本参数和特性有一定的了解。在任务实施过程中，掌握运行仿真并分析仿真结果，尝试对电路进行评估和优化。

12.1.1　绘制电路元件

Altium Designer 的混合电路信号仿真工具，可以在电路原理图设计阶段实现对数模混合信号电路的功能设计仿真，配合简单易用的参数配置窗口，完成基于时序、离散度、信噪比等多种数据的分析。Altium Designer 可以在原理图中提供完善的混合信号电路仿真功能，除了对 XSPICE 标准的支持之外，还支持对 PSPICE 模型和电路的仿真。

Altium Designer 中的电路仿真是真正的混合模式仿真器，可以用于对模拟和数字器件的电路分析。仿真器采用由乔治亚技术研究所（GTRI）开发的增强版事件驱动型 XSPICE 仿真模型，该模型基于伯克里 SPICE3 代码，并与 SPICE3f5 完全兼容。

SPICE3f5 模拟器件模型包括电阻、电容、电感、电压/电流源、传输线和开关。五类主要的通用半导体器件模型包括 diodes、BJTs、JFETs、MESFETs 和 MOSFETs。

XSPICE 模拟器件模型是针对一些可能会影响到仿真效率的冗长的无须开发的局部电路，而设计的复杂的、非线性器件特性模型代码，包括特殊功能函数，比如，增益、磁滞效应、限电压及限电流、s 域传输函数精确度等。局部电路模型是指更复杂的器件，如用局部电路语法描述的操作运放、时钟、晶体等。每个局部电路都在 .ckt 文件中，并在模型名称的前面加上大写的 X。

数字器件模型是用数字 SimCode 语言编写的，这是一种由事件驱动型 XSPICE 模型扩展而来专门用于仿真数字器件的特殊描述语言，是一种类 C 语言，实现对数字器件的行为及特征的描述，参数可以包括传输时延、负载特征等信息，行为可以通过真值表、数学函数和条件控制参数等。它来源于标准的 XSPICE 代码模型。在 SimCode 中，仿真文件采用 ASCII 码字符并且保存成 . txt 后缀的文件，编译后生成 . scb 模型文件。可以将多个数字器件模型写在同一个文件中。

Altium Designer 可实现如下仿真功能。

1. 仿真电路建立及与仿真模型的连接

Altium Designer 中由于采用了集成库技术，原理图符号中即包含了对应的仿真模型，因此原理图即可直接用来作为仿真电路，而 99SE 中的仿真电路则需要另行建立并单独加载各元器件的仿真模型。

2. 外部仿真模型的加入

Altium Designer 中提供了大量的仿真模型，但在实际电路设计中仍然需要补充、完善仿真模型集。一方面，用户可编辑系统自带的仿真模型文件来满足仿真需求，另一方面，用户可以直接将外部标准的仿真模型导入系统中成为集成库的一部分后即可直接在原理图中进行电路仿真。

3. 仿真功能及参数设置

Altium Designer 的仿真器可以完成各种形式的信号分析，在仿真器的分析设置对话框中，通过全局设置页面，允许用户指定仿真的范围和自动显示仿真的信号。每一项分析类型可以在独立的设置页面内完成。Altium Designer 中允许的分析类型包括以下几个方面：

（1）直流工作点分析；

（2）瞬态分析和傅里叶分析；

（3）交流小信号分析；

（4）阻抗特性分析；

（5）噪声分析；

（6）Pole – Zero（临界点）分析；

（7）传递函数分析；

（8）蒙特卡罗分析；

（9）参数扫描；

（10）温度扫描等。

12. 1. 2　Altium Designer 仿真基本步骤

使用 Altium Designer 仿真的基本步骤如下：

（1）装载与电路仿真相关的元件库；

（2）在电路上放置仿真元器件（该元件必须带有仿真模型）；

（3）绘制仿真电路图，方法与绘制原理图一致；

（4）在仿真电路图中添加仿真电源和激励源；

（5）设置仿真节点及电路的初始状态；

（6）对仿真电路原理图进行 ERC 检查，以纠正错误；

（7）设置仿真分析的参数；

（8）运行电路仿真，得到仿真结果；

（9）修改仿真参数或更换元器件，重复（5）~（8）的步骤，直至获得满意结果。

🔵 任务训练

请用思维导图中的树状图完成 Altium Designer 仿真基本步骤。

任务 12.2 实现电路仿真案例

12.2.1 创建工程

（1）在工具栏选择 File→New→Project→PCB Project 命令，创建一个 PCB 工程并保存。

（2）在工具栏选择 File→New→Schematic 命令，创建一个原理图文件并保存。

12.2.2 原理图展示

测试电路如图 12-1 所示。

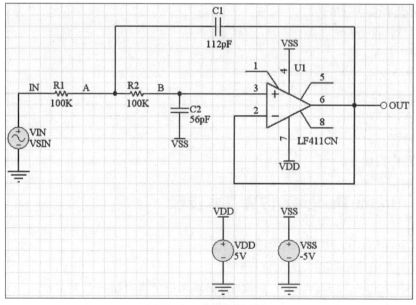

图 12-1 运放测试电路

12.2.3　编辑原理图

1. 放置有仿真模型的元件

根据上面的电路，需要用到元器件 LF411CN，单击右侧 Library 标签，使用 Search 功能查找 LF411CN。找到 LF411CN 之后，单击 Place LF411CN，放置元件，若提示元件库未安装，需要安装，则单击 Yes 按钮，如图 12 - 2 所示。

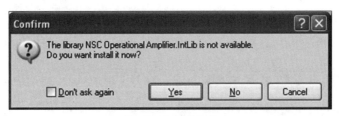

图 12 - 2　安装库

在仿真元件之前，可以按 Tab 键打开元件属性对话框，在 Designator 处填入 U1；接着查看 LF411CN 的仿真模型：在左下角 Models 列表选中 Simulation，再单击 Edit 按钮，可查看模型的一些信息，如图 12 - 3 所示。

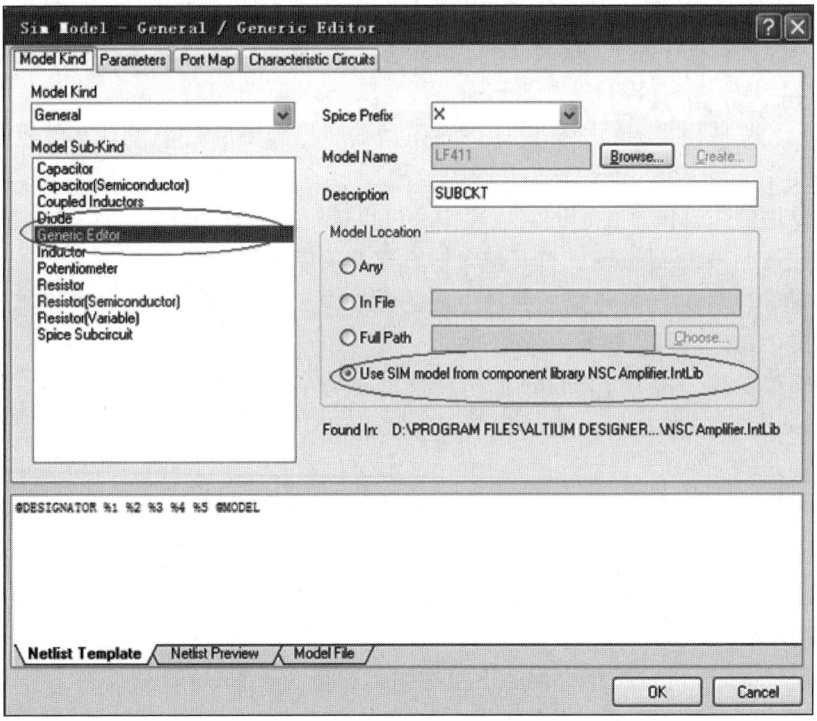

图 12 - 3　Sim Model 对话框

从图 12 - 3 可以看出，仿真模型的路径设置正确且库成功安装。单击 Model File 标签，可查看模型文件（若找不到模型文件，这里会有错误信息提示），如图 12 - 4 所示。

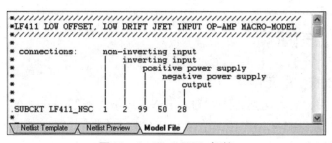

图 12 − 4　Model File 标签

单击 Netlist Template 标签，可以查看网络表模板，如图 12 − 5 所示。至此，可以放置此元件。

图 12 − 5　Netlist Template 标签

2. 为元件添加 SIM Model 文件

用于电路仿真的 SPICE 模型（.ckt 和 .mdl 文件）位于 Library 文件夹的集成库中，使用时要注意这些文件的后缀。模型名称是模型连接到 SIM 模型文件的重要因素，所以要确保模型名称设置正确。查找 Altium 集成库中的模型文件步骤如下：单击"库"面板的 Search 按钮，在提示框中填入 HasModel('SIM','＊',False)进行搜索；若想更具体些可填入 HasModel('SIM','＊LF411＊',False)。

若不想让元件使用集成库中提供的仿真模型，应将需要的其他模型文件复制到应用中的目标文件夹中。

如果想要用的仿真模型在别的集成库中，可以进行如下操作。

（1）单击 File→Open 按钮，打开包含仿真模型的库文件（.intLib）。

（2）在输出文件夹（打开集成库时生成的文件夹）中找到仿真文件，将其复制到自己的工程文件夹中，之后可以进行一些修改。

复制好模型文件，再为元器件添加仿真模型。为了操作方便，可直接到安装目录下的 Examples/CircuitSimulation/Filter 文件夹中，复制模型文件 LF411C.ckt 到自己的工程文件夹中，接下来的步骤如下。

（1）在 Projects 面板中，右击工程，选择 Add Existing to Project 命令，将模型文件添加到本工程中。

（2）双击元件 U1，打开元件属性对话框，在 Models 列表中选择 Simulation，单击 Remove 按钮，删除原来的仿真模型。

（3）单击 Models 列表下方的 Add 下拉按钮，选择 Simulation 选项。

（4）在 Model Sub − Kind 中选择 Spice Subcircuit 选项，使得 Spice 的前缀为 X。

（5）在 Model Name 中输入 LF411C，此时 Altium Designer 会搜索所有的库，来查询是否有与这名称匹配的模型文件。如果 Altium Designer 找到一个匹配的文件，则立即停止寻找。对于不是集成库中的模型文件，Altium Designer 会对添加到工程的文件进行搜索，然后再对搜索路径（Project→Project Options）中的文件进行搜索。如果找不到匹配的文件，则会提示错误信息。

（6）最后的步骤是检查管脚映射是否正确，确保原理图中元件管脚与模型文件中管脚定义相匹配。单击 Port Map 标签，如图 12 - 6 所示。

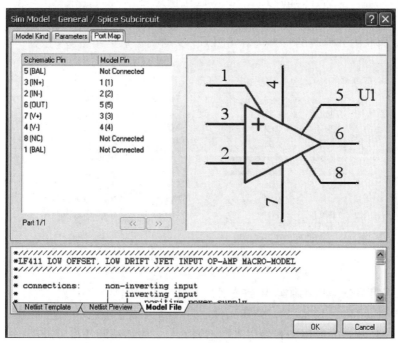

图 12 - 6　模型中的原理图中元件管脚

修改管脚映射，在 Model Pin 列表下拉选择合适的引脚，使其和原先的 SIM 模型（LF411_NSC）相同。可以单击 Netlist Template 标签，注意到其模型顺序为 1，2，3，4，5，如图 12 - 7 所示。

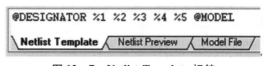

图 12 - 7　Netlist Template 标签

这些和 Model File 标签中的 . SUBCKT 头相对应，如图 12 - 8 所示。

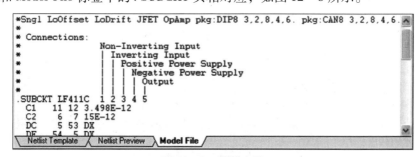

图 12 - 8　模型文件

因此，在 Port Map 标签中的 Model Pin 列表中，可以看到 1（1），2（2），3（3），4（4），5（5），被列举出来，其中第一个数字就是模型管脚（就是 Netlist Template 中的%1、%2 等），而 subcircuit 的头则对应着小括号里面的数字。在 Spice netlist 中，需要注意其中节点的连接顺序，这些必须和 .SUBCKT 头中的节点顺序相匹配。

Netlist 头描述了每个管脚的功能，根据这些信息可以将其连接到原理图管脚，例如，1（1）是同相输入，故需连接到原理图管脚 3。

原先的管脚映射和修改的管脚映射如图 12－9 所示。然后单击 OK 按钮，完成自定义仿真模型的添加。

Schematic Pin	Model Pin
5 (BAL)	5 (5)
3 (IN+)	3 (3)
2 (IN-)	2 (2)
6 (OUT)	Not Connected
7 (V+)	Not Connected
4 (V-)	4 (4)
8 (NC)	Not Connected
1 (BAL)	1 (1)

Original pin mapping

Schematic Pin	Model Pin
5 (BAL)	Not Connected
3 (IN+)	1 (1)
2 (IN-)	2 (2)
6 (OUT)	5 (5)
7 (V+)	3 (3)
4 (V-)	4 (4)
8 (NC)	Not Connected
1 (BAL)	Not Connected

Modified pin mapping

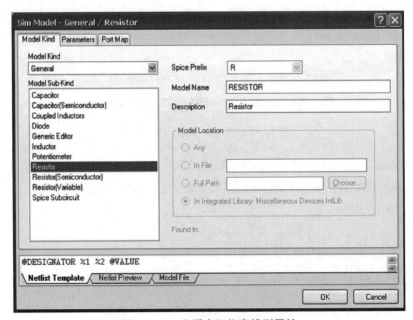

图 12－9　管脚映射

3. 放置有仿真模型的电阻、电容

放置电阻前，可以按 Tab 键，打开元件属性窗口，设置电阻值。在 Models 列表中，选中 Simulation，单击 Edit 按钮，查看仿真模型属性。一般系统默认设置就是正确的，如果没修改过，应该有图 12－10 所示的属性。

图 12－10　查看电阻仿真模型属性

同理，放置电容的情况也一样，先设置电容值，再查看仿真模型属性，如图 12 – 11 所示。

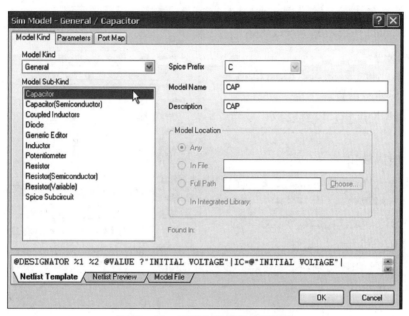

图 12 –11　查看电容仿真模型属性

4. 放置电压源

首先放置 VDD 电源。使用"库"面板的 Search 功能，检索关键字 VSRC；查找到 VSRC 之后，双击元件，若提示集成库未安装则需安装，其集成库为 Simulation Sources. IntLib。

在放置元件前，按 Tab 键，打开元件属性对话框，再编辑其仿真模型属性，先确保其 Model Kind 为 Voltage Source，Model Sub – Kind 为 DC Source。

单击 Parameters 标签，设置电压值，输入 5 V，并勾选 Component parameter 复选框，之后单击 OK 按钮，完成设置，如图 12 – 12 所示。

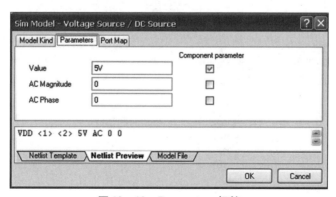

图 12 – 12　Parameters 标签

同理放置 VSS，并设置其电压值为 – 5 V。

最后添加正弦信号输入：同样是 Simulation Sources. IntLib 中的 VSRC，打开其仿真模型属性对话框，设置 Model Kind 为 Voltage Source，而设置 Model Sub - Kind 为 Sinusoidal。

单击 Parameters 标签，设置电压值，可按图 12 - 13 所示设置。

之后单击 OK 按钮，设置完成，放置信号源。

5. 放置电源端口

选择 Place→Power Port 命令，在放置前按 Tab 键，设置端口属性。其中对于标签 VDD 和 VSS，其端口属性为 BAR。对于标签 GND，其端口属性为 Power Ground。对于标签 OUT（网络），其端口属性为 Circle。

图 12 - 13 设置电压值

6. 连线，编译

根据上面的原理图连接好电路，并在相应的地方放置网络标签，然后编译此原理图。

12.2.4 仿真设置

选择 Design→Simulate→Mixed Sim 命令，或是单击工具栏中 ![混合仿真] （可通过选择 View→Toolbars→Mixed Sim 命令调出）的 ![图标] （设置混合信号仿真）图标，进入设置对话框，如图 12 - 14 所示。

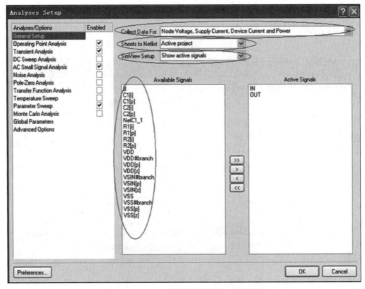

图 12 - 14 "分析设置"对话框

按照图中显示设置好 Collect Data For、Sheet to Netlist 和 SimView Setup 等三个区域，可以看到有一系列的信号在 Available Signal 中，这些都是 Altium Designer 计算出来并可以进行仿真的信号。如果想要观察某个信号，只需将其导入（双击此信号）到右边的 Active Signal 中；同理，若想删除 Active Signal 中的信号，也可以通过双击信号实现。

1. 传输函数分析（包括傅里叶变换）设置

传输函数分析会生成一个文件，此文件能显示波形图，计算时间变化的瞬态输出（如电压、电流）。直流偏置分析优先于瞬态分析，此分析能够计算出电路的直流偏置电压。如果 Use Initial Conditions 选项被使能，直流偏置分析则会根据具体的原理图计算偏置电压。

首先应该使能 Transient Analysis，然后取消 Use Transient Defaults 选项，为了观察到 50 KHz 信号的三个完整波形，将停止时间设置为 60 u，并将时间增长步长设置为100 n，最大增长步长设置为 200 n。最终设置如图 12 – 15 所示。

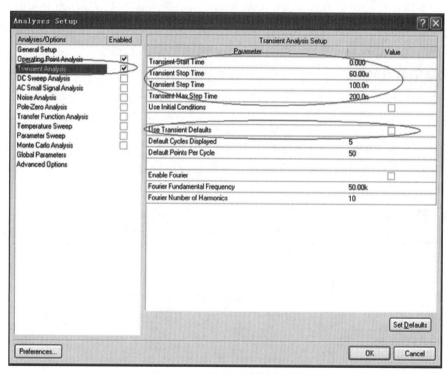

图 12 – 15　传输函数分析设置

2. 交流小信号分析设置

交流小信号分析的输出文件显示了电路的频率响应，即以频率为变量计算交流小信号的输出值（这些输出值一般是电压增益）。

（1）首先原理图必须有设置好参数的交流信号源（上面的步骤已经设置好）。

（2）使能 AC Small Signal Analysis 选项。

（3）然后根据图 12 – 16 输入参数。

注意：如图 12 – 16 所示，开始频率点一般不设置为 0，图中 100 m 表示 0.1 Hz，结束频率点 1 meg 表示 1 MHz；Sweep Type 设置为 Decade 表示每 100 测试点以 10 为底数增长，总共有 701 个测试点。

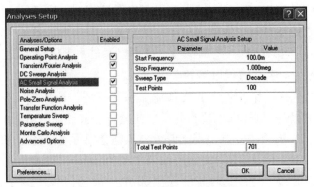

图 12 - 16　交流小信号分析设置

至此，交流小信号分析设置完成。Altium Designer 软件进行此电路仿真分析时，先计算电路的直流偏置电压，然后以变化的正弦输入代替原有的信号源，计算此时电路的输出，输入信号的变化是根据 Test Points 和 Sweep Type 这两个选项进行的。

3. 电路仿真与分析

设置完成之后，就可以进行电路仿真——单击 ![icon]　图标。在仿真过程中，Altium Designer 软件会将一些警告和错误信息显示在 Messages 面板中，如有致命错误可根据面板提示信息修改原理图；如果工程无错误，此过程还会生成一个 SPICE Netlist（. nxs）文件，且此文件在每次进行仿真时都会重新生成。仿真分析结束会生成一个（. sdf）文件，里面显示了电路的各种仿真结果（注：直流偏置最先执行），如图 12 - 17 所示。

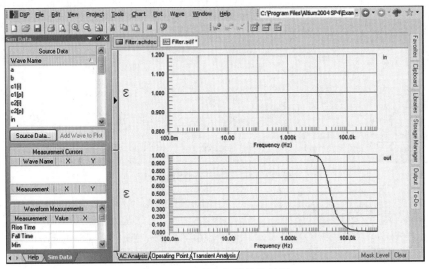

图 12 - 17　电路各种仿真结果

任务训练

请使用 Altium Designer 完成本书项目四中图 4 - 29 所示的多谐振荡器电路的仿真与分析。

学习任务评价表

姓名			班级			学号	

课程名称						时间	

任务名称							

一级指标	二级指标	评估标准	权重系数	得分		
				自评	互评	师评
学习态度及学习习惯（20分）	学习态度	1. 上课遵守纪律，专心听讲，勤操作，勤思考。 2. 不迟到，不早退，考勤状况好。 3. 不打瞌睡，不玩手机	10分			
	学习习惯	1. 认真、按时、独立地完成课堂任务，坚持预习、复习。 2. 上课主动举手，积极回答老师提出的问题，反馈信息。 3. 认真做笔记，课后及时完成老师安排的作业	10分			
任务成绩及技能作业（50分）	任务成绩	得分公式：任务训练成绩占总评成绩的30%	30分			
	技能作业	认真独立地完成老师课后布置的作业，并按时上传到线上平台	20分			
学习能力（30分）	学习方法	1. 能够掌握科学的学习方法。 2. 能够运用已掌握的学习方法解决EDA学科中的问题。 3. 课后看视频，登录平台，参与任务讨论并发表讨论话题。 4. 课前有预习和充分准备，课后进行复习并完成作业	10分			
	收集与处理信息的能力	1. 经常阅读电子线路EDA技术有关的课外书籍，关注本学科的前沿知识和热点问题。 2. 会通过网络寻找相关资料。 3. 会利用参考书，图书馆阅览室查阅相关资料	5分			
	学生操作协作能力	1. 在学习活动中，积极参与，善于合作，能够在与别人的合作中达到学习的目的。 2. 尊重他人的劳动成果，善于动员别人与自己合作并在合作中提高自己的学习能力，加强团队协作意识和创新精神	10分			

续表

一级 指标	二级 指标	评估 标准	权重 系数	得分		
				自评	互评	师评
学习 能力 (30分)	个人能力	1. 观察力。 2. 注意力。 3. 记忆力。 4. 思维能力。 5. 扩展能力	5分			
学习 效果 (10分)	三维目标	1. 提高学生学习的积极主动性，达到老师要求合格的教学目标。 2. 学会分析和解决问题，锻炼一定的能力。 3. 学生的情感、态度、价值观都得到相应的发展	10分			
总分						

附录 Ⅰ   Altium Designer 实用快捷键

1. 设计浏览器快捷键

单击	选择鼠标位置的文档
双击	编辑鼠标位置的文档
右击	显示相关的弹出菜单
Ctrl + F4	关闭当前文档
Ctrl + Tab	循环切换所打开的文档
Alt + F4	关闭设计浏览器 DXP

2. 原理图和 PCB 通用快捷键

Shift	当自动平移时,快速平移
Y	放置元件时,上下翻转
X	放置元件时,左右翻转
Shift + ↑、↓、←、→	箭头方向以十个网格为增量,移动光标
↑、↓、←、→	箭头方向以一个网格为增量,移动光标
Space	放弃屏幕刷新
Esc	退出当前命令
End	屏幕刷新
Home	以光标为中心刷新屏幕
PgDn,Ctrl + 鼠标滚轮	以光标为中心缩小画面
PgUp,Ctrl + 鼠标滚轮	以光标为中心放大画面
鼠标滚轮	上下移动画面
Shift + 鼠标滚轮	左右移动画面
Ctrl + Z	撤销上一次操作
Ctrl + Y	重复上一次操作
Ctrl + A	选择全部
Ctrl + S	保存当前文档
Ctrl + C	复制
Ctrl + X	剪切
Ctrl + V	粘贴
Ctrl + R	复制并重复粘贴选中的对象
Delete	删除

V + D	显示整个文档
V + F	显示所有对象
X + A	取消所有选中的对象
单击并按住鼠标右键	显示滑动小手并移动画面
单击	选择对象
右击	显示弹出菜单，或取消当前命令
右击并选择 Find Similar	选择相同对象
单击并按住拖动	选择区域内部对象
单击并按住鼠标左键	选择光标所在的对象并移动
双击	编辑对象
Shift + 单击	选择或取消选择
Tab	编辑正在放置对象的属性
Shift + C	清除当前过滤的对象
Shift + F	可选择与之相同的对象
Y	弹出快速查询菜单
F11	打开或关闭 Inspector 面板
F12	打开或关闭 List 面板

3. 原理图快捷键

Alt	在水平和垂直线上限制对象移动
	循环切换捕捉网格设置
空格键	放置对象时旋转 90°
空格键	放置电线、总线、多边形线时激活开始/结束模式
Shift + 空格键	放置电线、总线、多边形线时切换放置模式
Back	放置电线、总线、多边形线时删除最后一个拐角
按住鼠标左键 + Delete	删除所选中线的拐角
按住鼠标左键 + Insert	在选中的线处增加拐角
拖动鼠标左键 + Ctrl	拖动选中的对象

4. PCB 快捷键

Shift + R	切换三种布线模式
Shift + E	打开或关闭电气网格
Ctrl + G	弹出捕获网格对话框
G	弹出捕获网格菜单
N	移动元件时隐藏网状线
L	镜像元件到另一布局层
退格键	在布铜线时删除最后一个拐角
Shift + 空格键	在布铜线时切换拐角模式
空格键	布铜线时改变开始/结束模式
Shift + S	切换打开/关闭单层显示模式

O + D + D + Enter	选择草图显示模式
O + D + F + Enter	选择正常显示模式
O + D	显示/隐藏 Preferences 对话框
L	显示 Board Layers 对话框
Ctrl + H	选择连接铜线
Ctrl + Shift + 单击	打断线
+	切换到下一层（数字键盘）
–	切换到上一层（数字键盘）
*	下一布线层（数字键盘）
M + V	移动分割平面层顶点
Alt	避开障碍物和忽略障碍物之间切换
Ctrl	布线时临时不显示电气网格
Ctrl + M 或 R—M	测量距离
Shift + 空格键	顺时针旋转移动的对象
空格键	逆时针旋转移动的对象
Q	米制和英制之间的单位切换
E + J + O	跳转到当前原点
E + J + A	跳转到绝对原点
X + A 或 E + E + A	消释
V + F	调整到满屏显示全视图
V + R	刷新
D + B	浏览元件库
P + W	放导线（SCH）
P + T	放导线（PCB）
P + J	放结点
Shift + S	看单面板
+ 、–	换层
E + H	鼠标进入选中状态
E + D 或 Ctrl + X	鼠标进入删除状态
Q	公、英制转换
R + M	测量
E + N	单个选中
Ctrl + Delete	全体删除选中的目标
Home	以鼠标为中心刷新
End	当前视屏刷新
Ctrl + F	查找元件
E + O + S	设置新原点
E + J + N	寻找网络
T + N	浏览已复制的封装库

T + T	放置泪滴
L 或 D + O	可设置层、电气报错等
O + D 或 T + P 或 O + P	可设置字符、敷铜等
P + O	放置电源 VCC 或地 GND
P + N	放置网络标号
P + B	放置总线
Ctrl + 左键	在移动元件时，可使与之相连的导线随其一起移动
Shift + 空格	可使走线在 45°，90°，圆弧之间切换
Enter	选取或启动
Esc	放弃或取消
F1	启动在线帮助窗口
Tab	启动浮动图件的属性窗口
PgUp	放大窗口显示比例
PgDn	缩小窗口显示比例
End	刷新屏幕
Del	删除点取的元件（1 个）
Ctrl + Del	删除选取的元件（2 个或 2 个以上）
X + A	取消所有被选取图件的选取状态
X	将浮动图件左右翻转
Y	将浮动图件上下翻转
空格键	将浮动图件旋转 90°
Ctrl + Ins	将选取图件复制到编辑区里
Shift + Ins	将剪贴板里的图件贴到编辑区里
Shift + Del	将选取图件剪切放入剪贴板里
Alt + Backspace	恢复前一次的操作
Ctrl + Backspace	取消前一次的恢复
Ctrl + G	跳转到指定的位置
Ctrl + F	寻找指定的文字
Alt + F4	关闭 protel
空格键	绘制导线，直线或总线时，改变走线模式
V + D	缩放视图，以显示整张电路图
V + F	缩放视图，以显示所有电路部件
P + P	放置焊盘（PCB）
P + W	放置导线（原理图）
P + T	放置网络导线（PCB）
Home	以光标位置为中心，刷新屏幕
Esc	终止当前正在进行的操作，返回待命状态
Backspace	放置导线或多边形时，删除最末一个顶点
Delete	放置导线或多边形时，删除最末一个顶点

Ctrl + Tab	在打开的各个设计文件文档之间切换
Alt + Tab	在打开的各个应用程序之间切换
a	弹出"编辑"→"对齐"子菜单
b	弹出"察看"→"工具栏"子菜单
e	弹出"编辑"菜单
f	弹出"文件"菜单
h	弹出"帮助"菜单
j	弹出"编辑"→"跳转"菜单
l	弹出 edit \\ set location makers 子菜单
m	弹出"编辑"→"移动"子菜单
p	弹出"放置"菜单
r	弹出"报告"菜单
s	弹出"编辑"→"选中"子菜单
t	弹出"工具"菜单
v	弹出"察看"菜单
w	弹出"窗口"菜单
x	弹出"编辑"→"取消选中"菜单
z	弹出缩放菜单
左箭头	光标左移 1 个电气栅格
Shift + 左箭头	光标左移 10 个电气栅格
右箭头	光标右移 1 个电气栅格
Shift + 右箭头	光标右移 10 个电气栅格
上箭头	光标上移 1 个电气栅格
Shift + 上箭头	光标上移 10 个电气栅格
下箭头	光标下移 1 个电气栅格
Shift + 下箭头	光标下移 10 个电气栅格
Ctrl + 1	以零件原来尺寸的大小显示图纸
Ctrl + 2	以零件原来尺寸的 200% 显示图纸
Ctrl + 4	以零件原来尺寸的 400% 显示图纸
Ctrl + 5	以零件原来尺寸的 50% 显示图纸
Ctrl + F	查找指定字符
Ctrl + G	查找替换字符
Ctrl + B	将选定对象以下边缘为基准，底部对齐
Ctrl + T	将选定对象以上边缘为基准，顶部对齐
Ctrl + L	将选定对象以左边缘为基准，左对齐
Ctrl + R	将选定对象以右边缘为基准，右对齐
Ctrl + H	将选定对象以左右边缘的中心线为基准，水平居中排列
Ctrl + V	将选定对象以上下边缘的中心线为基准，垂直居中排列
Ctrl + Shift + H	将选定对象在左右边缘之间，水平均布

Ctrl + Shift + V	将选定对象在上下边缘之间，垂直均布
F3	查找下一个匹配字符
Shift + F4	将打开的所有文档窗口平铺显示
Shift + F5	将打开的所有文档窗口层叠显示
Shift + 单击	选定单个对象
Ctrl + 单击，再释放 Ctrl	拖动单个对象
Shift + Ctrl + 单击	移动单个对象
按 Ctrl 后移动或拖动	移动对象时，不受电器格点限制
按 Alt 后移动或拖动	移动对象时，保持垂直方向
按 Shift + Alt 后移动或拖动	移动对象时，保持水平方向

附录Ⅱ　PCB 相关标准文件检索

在我国标准分类中，PCB 涉及热加工工艺、电工绝缘材料及其制品、印制电路、基础标准与通用方法、工艺与工艺装备、航空与航天用金属铸锻材料、广播、电视设备综合、灯具附件、连接器、电工材料和通用零件综合、基础标准与通用方法、电子元件综合、基础标准和通用方法、电气系统与设备、经济管理、材料防护、受计算机控制的电子器具、电子元器件、低压电器综合、电声器件、自动化物流装置、标准化、质量管理、混合集成电路、安装、接线连接件、电气设备与器具综合、电感器、变压器、电子技术专用材料、加工专用设备、开关、计算机设备。

1. 国家市场监督管理总局（原国家质检总局）关于印制电路板的标准

GB 51127—2015　印制电路板工厂设计规范

GB/T 20633.3—2011　承载印制电路板用涂料（敷形涂料）第 3 部分：一般用（1级）、高可靠性用（2级）和航空航天用（3级）涂料

GB/T 20633.2—2011　承载印制电路板用涂料（敷形涂料）第 2 部分：试验方法

GB/T 20633.1—2006　承载印制电路板用涂料（敷形涂料）第 1 部分：定义、分类和一般要求

GB/T 9315—1988　印制电路板外形尺寸系列

GB 4588.3—1988　印制电路板设计和使用

2. 国家市场监督管理总局、中国国家标准化管理委员会关于印制电路板的标准

GB/T 39342—2020　宇航电子产品 印制电路板总规范

3. 中国团体标准中关于印制电路板的标准

T/CSTM 00920—2023　印制电路板组件用敷形涂覆材料

T/ZZB 2922—2022　汽车电子安全件用多层印制电路板

T/CPCA 8001—2022　印制电路板制造设备通讯协议语义规范

T/CPCA 6046—2022　埋置或嵌入铜块印制电路板规范

T/JSQA 140—2022　高密度互连多层印制电路板

T/GDCKCJH 062—2022　超级拼版多层印制电路板

T/CACE 039—2021　浸没式顶吹炉协同处置废印制电路板工程技术规范

T/CPCA 6302—2021　挠性及刚挠印制电路板

T/GDEIIA 9—2020　印制电路板南海诱发气候环境试验与评价方法

T/CSTM 00511—2021　印制电路板清洗用消泡剂 消抑泡性能的测试方法

T/CPCA 9102—2020　印制电路板工厂防火规范

T/CESA 1070—2020　绿色设计产品评价技术规范 印制电路板

T/CPCA 4405—2020　印制电路板用硬质合金铣刀通用规范

T/CLCJH 001—2019　高密度印制电路板清洁生产评价技术规范

T/GDES 32—2019　印制电路板制造业绿色工厂评价指南

T/CPCA 4310—2019　印制电路板用刀具套环及其应用规范

T/ZZB 0831—2018　聚四氟乙烯基材的高频印制电路板

T/GDES 20—2018　印制电路板制造业绿色工厂评价导则

T/KDLB 001—2018　LED 灯条用印制电路板

T/KDLB 002—2018　刚性印制电路板外观通用准则

T/CPCA 6045A—2017　高密度互连印制电路板技术规范

T/CPCA 6045—2017　高密度互连印制电路板技术规范

T/CPCA 6044—2017　印制电路板安全性能规范

T/CPCA 6042—2016　银浆贯孔印制电路板

T/CPCA 5041—2014　高亮度 LED 用印制电路板试验方法

T/CPCA 6041—2014　高亮度 LED 用印制电路板

4. 国际电工委员会关于印制电路板的标准

IEC TR 61191 - 8：2021　印制电路板组件第 8 部分：汽车电子控制装置用印制电路板组件焊点中的空隙最佳实践

IEC TR 61189 - 3 - 914：2017　电气材料、印制板和其他互连结构和组件的试验方法.第 3—914 部分：高亮度 LED 用印制电路板导热性的试验方法.指南

IEC 62326 - 20：2016　印制电路板.第 20 部分：高亮度 LEDs 用印刷线路板

IEC 61076 - 4 - 116：2012 + AMD1：2015 CSV　电子设备用连接器.产品要求.第 2 部分：4—116：印制电路板连接器.连接器的详细规范 具有集成屏蔽功能的高速两件式连接器

IEC TR 62866：2014　印制电路板和组件中的电化学迁移.机理和试验

IEC 61182 - 2 - 2：2012　印制电路板产品.制造业描述数据和转让方法体系.第 2 - 2 部分：印制板装配数据描述实现用部分要求

IEC/PAS 62326 - 20：2011　印制电路板.第 20 部分：高亮度 LEDs 用电子线路板

IEC/PAS 61189 - 3 - 913：2011　电工材料，印刷电路板和其他互连结构及装配用试验方法.第 3 - 913 部分：互连结构（印制电路板）用试验方法.高亮度 LEDs 用电子线路板

IEC/PAS 62588：2008　鉴别有铅（PB）、无铅和其他属性的元件、印制电路板（PCBs）和印制电路板组件（PCBAs）的标记和标注

IEC/PAS 61249 - 3 - 1：2007　印制电路板和其他互连结构用材料.第 3 - 1 部分：挠性印制电路板用敷铜层压板（粘合剂型和非粘合剂型）

IEC PAS 62326 - 7 - 1：2007　单面和双面柔性印制电路板的性能指南

IEC 61189 - 3：2006　电气材料、互连结构和组装件的试验方法.第 3 部分：互连结构的试验方法（印制电路板）

IEC 61182 - 2：2006　印制电路板.电子数据描述和转换.第 2 部分：一般要求

IEC 61189 - 5：2006　电气材料、互连结构和组件的试验方法.第 5 部分：印制电路板

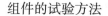

组件的试验方法

IEC 61189 – 3 AMD 1：2006　电气材料、互连结构和组装的试验方法．第 3 部分：互连结构的试验方法（印制电路板）．修改 1

IEC 61086 – 3 – 1：2004　承载印制电路板用涂料．第 3 – 1 部分：单项材料规范．通用（Ⅰ类）、高可靠性（Ⅱ类）和航空涂料

IEC 61086 – 2：2004　承载印制电路板用涂料（敷形涂料）．第 2 部分：试验方法

IEC 61086 – 1：2004　承载印制电路板用涂料（敷形涂料）．第 1 部分：定义、分类及一般要求

IEC 61182 – 7：2002　印制电路板．电子数据描述和转换．第 7 部分：裸板数字格式电气试验信息

IEC 61188 – 5 – 1：2002　印制电路板和印制电路板组件．设计和使用．第 5 – 1 部分：总要求．附属物（所有的/共同的）考虑

IEC 62326 – 1：2002　印制电路板．第 1 部分：总规范

IEC/PAS 61076 – 4 – 115：2001　电子设备用连接器．第 4 – 115 部分：印制电路板连接器．符合 IEC 60917 的带有高速不同对连接部分及印制电路板与底板之间低速接电源和接地连接部分的单面混合连接器的详细规范

IEC/PAS 62158：2000　印制电路板生产商资格证明纲要

IEC 61182 – 10：1999　印制电路板 电子数据描述和转换 第 10 部分：电子数据层次

IEC 61189 – 3 AMD 1：1999　电气材料、互连结构和组装的试验方法 第 3 部分：互连结构的试验方法（印制电路板）

IEC 61188 – 1 – 2：1998　印制电路板和印制电路板组件 设计和使用 第 1 – 2 部分：一般要求 控制阻抗

IEC 61188 – 1 – 1：1997　印制电路板和印制电路板组件 设计和使用 第 1 – 1 部分：一般要求 电子组件的平整度情况

IEC 61189 – 3：1997　电气材料、互连结构和组装的试验方法 第 3 部分：互连结构的试验方法（印制电路板）

IEC 62326 – 4：1996　印制电路板 第 4 部分：层间连接的刚性多层印制电路板分规范

IEC 62326 – 1：1996　印制电路板．第 1 部分：总规范

IEC 61182 – 7：1995　印制电路板 电子数据描述和转换 第 7 部分：裸板数字格式电气试验信息

IEC 61086 – 3 – 1：1995　承载印制电路板用涂料（敷形涂料）第 3 部分：单项材料规范 活页 1：通用（Ⅰ类）和高可靠性（Ⅱ类）涂料

IEC 61182 – 1：1994　印制电路板 电子数据描述和转换 第 1 部分：印制板数字格式描述

IEC 60249 – 2 – 11 AMD 2：1993　印制电路用基材．第 2 部分：规范．第 11 号规范：多层印制电路板制作用普通级薄环氧化合物编织的玻璃纤维敷铜层压板．修改件 2

IEC 60664 – 3：1992　低压电气装置内部的绝缘配合．第 3 部分：印制电路板装配件的为绝缘配合用的涂覆层

IEC 61086 – 2：1992　承载印制电路板用涂料（敷形涂料）规范 第 2 部分：试验方法

IEC 60326 – 12：1992　印制电路板 第 12 部分：集合层压板（半成品多层印制板）规范

IEC 60326 – 2 AMD 1：1992　印制电路板 第 2 部分：试验方法 修改 1

IEC 61086 – 1：1992　承载印制电路板用涂料（敷形涂料）规范 第 1 部分：定义、分类及一般要求

IEC 60326 – 3：1991　印制电路板 第 3 部分：印制电路板的设计和使用

IEC 60249 – 3 – 3：1991　印制电路用基材 第 3 部分：印制电路用特殊材料 第 3 号规范：制造印制电路板中用的永久性聚合物表面覆盖剂（防焊剂）

IEC 60326 – 9：1991　印制电路板 第 9 部分：有贯穿连接的挠性多层印制板规范

IEC 60326 – 10：1991　印制电路板 第 10 部分：有贯穿连接的刚挠双面印制电路板规范

IEC 60326 – 11：1991　印制电路板 第 11 部分：有贯穿连接的刚挠多层印制电路板规范

IEC 60321 – 3：1990　辅助印制电路板信息 第 3 部分：图形用指南

IEC 60326 – 2：1990　印制电路板 第 2 部分：试验方法

IEC 60326 – 7 AMD 1：1989　印制电路板 第 7 部分：无贯穿连接的单面和双面挠性印制板规范 修改 1

IEC 60326 – 8 AMD 1：1989　印制电路板 第 8 部分：有贯穿连接的单面和双面挠性印制板规范 修改 1

IEC 60326 – 5 AMD 1：1989　印制电路板 第 5 部分：具有金属化孔的单面和双面印制板规范 修改 1

IEC 60326 – 4 AMD 1：1989　印制电路板 第 4 部分：具有非金属化孔的单面和双面印制板规范 修改 1

IEC 60603 – 2：1988　印制板用频率低于 3MHz 的连接器．第 2 部分：具有共同安装特征的 2·54mm（0·1in）基本网格印制电路板用两对端连接器

IEC 60249 – 2 – 11：1987　印制电路用基材．第 2 部分：规范．第 11 号规范：多层印制电路板制作用普通级薄环氧化合物编织的玻璃纤维敷铜层压板

IEC 60321 – 2：1987　供安装在印制线路和印制电路板上用的元件的设计和使用指南．第 2 部分：再次使用、修理、修改

IEC 60326 – 8：1981　印制电路板 第 8 部分：有贯穿连接的单面和双面挠性印制板规范

IEC 60326 – 7：1981　印制电路板 第 7 部分：无贯穿连接的单面和双面挠性印制板规范

IEC 60326 – 5：1980　印制电路板 第 5 部分：具有金属化孔的单面和双面印制板规范

IEC 60326 – 4：1980　印制电路板 第 4 部分：具有非金属化孔的单面和双面印制板规范

IEC 60603 – 2：1980　印制板用频率低于 3MHz 的连接器．第 2 部分：具有共同安装特征的 2·54mm（0·1in）基本网格印制电路板用两对端连接器

IEC 60321 AMD 1：1975　拟安装在印制线路和印制电路板上的元件的设计和使用指南

修改 1

　　IEC 60130 – 15：1975　　频率低于 3MHz 的连接器．第 15 部分：触点交错间距为 1.27mm（0.05in）的印制电路板用板装超小型连接器

　　IEC/TR 60321：1970　　供安装在印制线路和印制电路板上用的元件的设计和使用指南

5. 工业和信息化部关于印制电路板的标准

　　JB/T 7489—2020　　仪器仪表印制电路板组装件修焊工艺规范

　　JB/T 6174—2020　　仪器仪表印制电路板组装件老化工艺规范

6. 环保行业关于印制电路板的标准

　　HJ 2058—2018　　印制电路板废水治理工程技术规范

　　HJ 450—2008　　清洁生产标准．印制电路板制造业

附录 Ⅲ   Altium Designer 中英文技术词汇对照

Accept 接受

Accuracy 精确度、准确度

Activate 激活、活动、启动

Add 添加

Address 地址

Advance 高级

Aide 助手、辅助

Align 排列、对齐

Alpha 开端

Analog 模拟的

Analyzer 分析器、测定仪

Angle 角度、观点

Annotate 注解

Aperture 孔径、光圈

Application 应用程序

Approximation 接近、近似值

Arc 圆弧、弧度

Architecture 结构体、构造

Array 阵列、数组

Ascend 登高、上升

Assembly 集合、装配

Associate 关联的、辅助的

Asynchronous 异步的

Automatical 自动的

Access 存取、通道、接近

Action 行动、作用

Active 积极的、活泼的

Adder 加法器

Administration 管理员、管理器

Aggressor 干扰源、入侵者

Alias 别名、化名、混淆

Allow 允许

Always 总是、永远

Analysis 分析、研究

Animation 动画

Any 任意的

Applicable 可应用的、适用的

Apply 应用

Arbiter 仲裁器

Architect 设计者、制造者

Area 面积、范围

Arrange 安排、排列、调整

Arrow 箭形

Assembler 装配器、汇编

Assign 分配分派、指定

Astable 非稳态的、多谐振荡的

Attempt 尝试

Available 有效的、有用的

Backup 备用

Bar 标签

Base 基极、基础、基地

Batch 批处理、批量

Begin 开始、创建

Behavior 行为举止、态度

Bell 铃钟

Between 两者之间

Bidirect 允许、双向

Bidirectional 双向性

Bill 清单

Binary 二进制、二元的

Bistable 双稳

Bit 位

Bitmap 位图

Black 黑色的

Blind 盲孔

Blip 标志、信号

Block 框栏、隔阻

Board 板子、牌子、委员会

Body 物体、主干、主体

Boolean 布尔值

Border 边线

Bottom 底部

Bounce 反弹、抖动

Breakpoint 中断点

Broken 破裂的、损坏的

Browse 浏览

Buffer 缓冲器

Build 构建

Bullet 子弹

Bury 埋藏

Bus 总线

Butterfly 蝶形

Button 按钮

Bypass 省略

Byte 字节

Cable 电缆

Calculation 计算、估计

CAM（Computer Aided Manufacturing）
　计算机辅助制造

Cancel 作废、删除

Capacitor 电容

Caption 标题

Capture 捕获、收集、记录

Case 实情、案例

Category 类目、范畴、部属

Cathode 阴极

Center 中心

Centimeter 厘米

Chain 链

Change 改变

Channel 通道

Charge 充电、指责、指示

Check 检测

Chart 图表

Child 子女

Chip 集成芯片

Circuit 电路

Circular 圆环、弧形

Class 阶层、等级

Cleanup 清扫工作

Clear 清除、清零

Clearance 清除、余地、间隙

Click 单击、点击

Clipboard 剪切板

Clock 时钟

Close 关闭、结束

Closure 关闭、闭幕

Code 编码、代码

Collector 集电极

Color 彩色、着色

Colour 颜色

Column 圆柱、纵列、栏目

Combination 组合

Comma 逗号

Command 命令

Comparator 比较器

Community 社区、群落

Compilation 编辑物

Compatible 兼容的、和谐的

Component 元器件、组成、成分

Compile 编辑、收集、汇编

Computer 计算机

Composite 合成的、复合的、综合的

Condition 条件

Concurrent 并发事件、同行

Configure 配置

Confidence 置信度、自信、信赖

Conflict 冲突

Confirm 确认、证实

Connector 连接端

Connectivity 连线

Constraint 约束、限制因素

Console 主控台、表盘、托架

Consumer 用户、使用者

Construction 构造

Continue 继续、延伸

Contract 缩短

Control 控制

Convert 转化、转变

Coordinate 坐标

Copper 铜

Copy 拷贝、复制

Core 核

Cord 绳线、索

Corner 角落、拐角

Corporation 公司、企业、法人

Counter 计数器

Courtyard 天井、庭院

Create 创建

Cross 十字符号、混合

Crosspoint 插入、测试点

Crosstalk 串扰

CRT 阴极射线管、显像管

Crystal 晶体

Current 电流、当前的、流行的

Cursor 光标、游标、指示器

Custom 惯例

Customer 用户、客户

Cutout 切出、划出、挖空

Cycle 周期

Comment 注释、发表评论、说明书

Dashed 下划线

Data 数字、数据

Database 数据库、资料库

Date 日期

Daughter 子系、子插件、派生

Debug 排错、调试

Dead 死的

Decimal 十进制、小数

Decade 十进制、十年

Default 默认值缺省值、弃权

Decoder 译码器

Definition 定义、限定、分辨率

Define 定义、下定义

Delay 延时

Degree 度、等级

Demo 演绎、演示版

Delete 删除

Demote 降级、降低

Deny 否认

Description 描述

Designator 标识、指示者

Designer 设计师

Destination 目标、目的

Detail 细节、零件

Device 装置、设备、图样、器件

Diagram 示意图

Dialog 对话

Diagonal 对角线

Difference 差异、差分、差额

Diamond 菱形、钻石

Digital 数字的

Different 不同的

Dimension 尺度

Dim 朦胧、暗淡

Direct 指示、指令

Diode 二极管

Disable 无能、无效、无用

Director 指南、指导、咨询

Disk 圆盘

Discharge 放电、排出、释放

Distribution 分配、分布、分发

Display 显示

Dock 停放、连接、接驳

Divider 分配、分割

Dot 小点、虚线、点缀

Donut 环形

Download 下载

Down 下降

Draw 绘制、描写、冲压、成型

Drag 拖拽

Drop 下拉、滴落、遗漏

Drill 钻

Duplicate 复制、副本

Dual 双数的、两倍

Duty 占空比

Edge 边缘

Edit 编辑

Efficient 高效的、有能力的

Electrical 电气的、电学的、电力的

Ellipse 椭圆

Embed 潜入、插入

Emitter 射极

Emulate 效法

Enable 使能、激活、有效

Encoder 编码器

End 结束

Engineer 设计、建造、工程师

Enter 进入、参加

Entity 实体

Entry 入口

Enum 列举、型别

Error 错误

Evaluation 评价、评估、鉴定

Example 例子

Excel 胜过、优秀、突出

Execute 执行、实施、签署

Exist 存在的、现有的

Expand 扩大、推广、展开

Expansion 扩大、扩展、扩张

Expiry 终止、期满

Explode 爆炸、分解

Exponent 指数

Export 输出、导出

Explore 探究、查询

Extra 额外的、附加的

External 外部的、外面的、外形

Extrude 压制、突出

Extract 提取、摘录

Fabrication 制造

Frequency 频率

Failure 无效、毁坏的

Function 函数、功能

False 虚假的、伪造的

Fail 失败、不足

Fanout 扇出

Fall 下降、降落、落差

Favorite 最爱的（sth sb）

Female 凹的、阴的

Figure 图形

Fatal 致命的

Fill 填充

Field 场、域、范围

Filter 过滤器

File 文件

Find 建立、发现

Film 胶片

First 第一、首先

Finally 最终的

Flash 闪光、闪烁、曝光

Finish 完成、结束

Flatten 弄平、弄直

Fit 适合、相配

Flip - flop 触发器

Flat 平的、平坦的

Floorplan 层、平面图

Flip 倒转

Focus 集中、聚焦

Float 发行

Footprint 封装

Flow 流动、源自

Format 格式

Folder 文件夹、折叠

Formula 公式

Force 强制

FPGA 现场可编程逻辑门阵列

Forum 讨论、论坛会

Frame 框图、塑造

Free 自由

Framework 架构、结构

Form 从……起、由于

Gate 门

Generate 产生、导致、造成

Graphic 图形

Green 绿色

Grid 栅格

Ground 地面、基础

Group 组类、集聚

Guide 引导、指南、手册

Hard 坚硬的、困难的

Hardware 硬件设备、五金

Harmonic 谐波、谐振

Harness 束

Hatch 策划、画影线、舱口

Hazard 冒险

Hazy 模糊的、混浊的

Height 高度

Help 帮助

Hexadecimal 十六进制

Hide 隐藏

Hierarchy 体系、分层、系列

High 高的、高级的、高尚的

Hint 暗示

History 历史、记录

Horizontal 水平、横向

Hug 拥抱、紧靠

Ideal 理想的

Identical 相同的、相等的、恒等的

Identifier 识别符

Identify 识别、标记

IDF（integrated data file）综合资料、文件

IEEE 电气电子工程师协会

Impedance 阻抗

Ignore 忽略

Import 输入、导入

Imperial 英制的

Include 包含

Incident 事件、入射的

Index 索引

Increment 增量

Inductor 电感

Indication 指示、表示

Information 信息

Industry 工业、企业、产业、行业

Innovation 创新

Initial 最初的、开始的

Insert 插入、嵌入、添加

Input 输入

Insight 洞察、顿悟

Inside 内部的、里面的

Install 安装

Inspector 检查、视察

Instrument 仪器

Instance 实例

Integrate 积分、集成、使完成、使结合

Integer 整数

Interactive 互动的、交互的

Integrity 完整的

Interface 接口、界面

Interconnect 互联器

Internet 因特网

Internal 内部的

IPC（Industry Process Control）工业过程控制

Interrupt 打断、中断

Isolate 隔离

Island 孤岛、岛屿

Item 项目、条款

ISP（In – System Programmable）在线编程

JTAG（Joint Test Action Group）联合测试行为组

Job 工作、职业

Joint 联合的

Jump 跳跃

Junctions 结点、接点

Keep 保持

Key 关键、钥匙

Kind 种类

Knowledge 知识

Label 标签、商标

Lattice 晶格、点阵

Landscape 横向

Layer 层

Latch 锁存器、锁扣

LCD（Liquid Crystal Display）液晶显示器

Launch 发射、投掷、出版

LED（Light Emitting Diode）发光二极管

Layout 布置、布局

Legacy 老化、遗留下

Learn 学习、学会、认知

Length 长度

Left 左边、向左

Less 较少的

Legend 图例、图注

Library 库、图书馆

Lens 镜

Line 线条、线路

Level 水平

Link 链接、连接

License 注册

Linear 线性的、直线的、一次的

Liquid 液体、流体、不稳的

Live 激活

Localize 本地、局部、本地化、定位

Locate 把……设置在、位置、场所

Lock 锁定

Log 记录

Logarithmic 对数的

Logic 逻辑、逻辑学

Logical 逻辑的、合理的

Login 登录

Lookup 查找、查阅

Loop 循环、环状物

Low 低的、矮的

Lot 地段、许多

Laboratory 实验室

LPM（Library of Parameter Modules）参数化模块库

Language 语言、用语、术语

Machine 机器、机械

Multivibrator 多谐振荡器

Maker 制造者

Magnitude 幅值、强度、量值

Manage 管理、操纵

Male 阳的

Manual 手册、手动的

Manager 管理者、经理、主任

Map 图

Manufacture 制造、制作、加工

Match 匹配、比赛

Mask 表面、掩膜、屏蔽

Matrix 矩阵、混合物

Material 材料、物质

Maximum 最大值、最大量

Maximize 增加、扩大

Measure 测量

Meal 粉状物、膳食

Medium 中间的、媒介

Mechanical 机械的

Membership 会员、资格

Mega 许多、非常、强大

Memory 存储器、内存

Menu 菜单

Merge 合并

Message 信息

Meter 米（长度单位）

Metric 公制的

Microsoft 微软

Millimeter 毫米

Minimum 最小值

Miscellaneous 混合、杂项、多样

Miser 钻探机

Miss 损失、差错、遗漏

Miter 斜接、斜角

Mix 混合、结合、杂交

Mode 形状、方式、风格

Model 模型、模特、型号

Modify 更改、修饰

Module 模块、组件、单元

Moire 网纹、纹波、龟纹

Mold 模块、模型

Monitor 监控

Monostable 单稳状态

Moor 固定、系住

Mount 安装

Move 移动

Mult 多种、多元、多路

Magnify 放大

Name 名称

Nano 十亿分之一、纳

Navigator 领航、导航

Neck 领口、瓶颈

Negative 负的

Net 网络

Netlabel 网络标号

Netlist 网络表

New 新的

Next 下一步、再

Nexus 关系

Node 节点、波峰

Noise 噪声

None 忽略、一个也没

Normal 正常的、常规的

Number 数字、号码、数量

Object 物体、目标

Octagon 八边形

Octal 八进制

Octave 八度、八位

ODBC（Open – DataBase – Connectivity）
　开放数据库互联

Ohm 欧姆（电阻单位）

OLE DB（Object Link and Embed
　DataBase）目标链接及嵌入式数据库

Online 在线

Opcode 运算码

Openbus 开放总线、公共总线

Open 开放的、公开的

Operate 工作、运转、营业

Operand 操作数、运算域

Optimizer 优化、程序优化器

Operator 运算符

Orange 橙子、橘子、橙色

Option 选择、选项

Orientation 取向

Order 顺序

Original 原本的、最初的

Origin 起源、原点

Outline 外形、略述、概括

Orthogonal 直角的、正交的

Outside 外部的、外观

Output 输出

Overlay 覆盖层

Overall 全部的

Owner 物主、所有者

Overshoot 过冲

Package 封装、包装

Pad 焊盘、基座、垫料

Page 页码、翻阅

Pair 成对、成双

Palette 调色盘、选盘、控制板

Panel 面板、画板、嵌镶板

Parallel 并行、并联

Parameter 参数、系数、因数

Parent 父系

Parsing 剖析

Part 部件

Passive 无源的、被动的

Paste 助焊贴、敷铜

Path 路径、轨迹

PCB 印制电路板

Peak 峰值

Peripheral 周边的、外围的

Permission 同意

Persistent 坚持不懈、固执的

Physical 物理的

Pickbox 点选框、取景框

Pickup 拾取、收集

Pin 引脚、管脚

Place 放置

Placement 布局

Plane 平板、平面、飞机

Plugin 插件栓

Point 点

Plus 十字记号、加号

Polygon 多边形、多角形

Pole 极极地

Popup 弹出

Polyline 折线

Portable 可移植的、移动的

Port 端口

Position 位置

Portrait 竖向、纵向

Postpone 延时、搁置

Positive 正的

Power 电源、功率

Pour 倾泻、倒灌

Preference 偏好、优先

Predefined 预先定义

Preliminary 预备的、初步语言的

Prefix 前缀、字首

Preserve 保护、维护

Prepreg 预浸料、半固化品

Preview 预览、预习、排练

Preset 置数

Primary 主要的

Previous 以前的、早先的

Print 打印

Primitive 原始的、纯朴的

Priority 优先级、优先权

Printout 打印、输出

Process 进程、步骤

Probe 探测、调查

Profile 外形、轮廓、部面

Processor 处理器、加工者

Program 程序设计

Programmable 可编程的

Project 工程、项目

Proper 适当的、恰当的

Promote 促进、创办

Provider 提供者、供应商

Property 性质、特性

Pull 拉牵、拖

PSD（Programmable System Device）可编程的系统部件

Pulse 脉冲、跳动

Pullback 障碍、阻扰、拉回

Push 推挤、推进、拓展

Quality 质量、特性

Query 疑问、质问、问号

Quiet 静态的、安静的

Radix 根基数

RAM 随机存取存储器

Range 级别、排行、类别

Raster 光栅、屏面

Ray 射线、光线、闪现

Rebuild 重建、重构

Recent 最近的

Record 记录、经历

Rectangle 矩形、长方形

Rectangular 矩形的、成直角的

Red 红色的

Reference 参考、基准

Reflect 反射

Region 区域、地带

Register 寄存器

Remove 删除、移除

Repeat 重复

Report 报告

Require 需要、需求

Reserve 储备、保存

Reset 复位、置零

Reshape 改造、矫形、变形

Resistance 电阻值

Resistor 店主

Resource 资源

Restore 恢复、还原、返回

Restrict 限制、约束

Result 结果、导致

Retrieve 取回、恢复

Revision 修订本、校正版

Right 右的、右方

Ring 铃声、环形物

Rise 上升、起立、增强

ROM 只读存储器

Room 房间、空间、位置

Root 根、根源、本质

Rotation 旋转、自转

Round 圆的

Routing 走线、布线

Row 成形、排列

Rule 规则

Run 运转、流行的、趋势

Server 服务、服务器

Same 相同的、同样的

Sans 没有、无

Save 保存

Scalar 标量、数量

Scale 刻度、调节

Schematic 图表、示意图

Scope 范围、域

Score 成绩、计分

Script 脚本

Scroll 卷动

Search 搜索

Secondary 次要的、从属的

Section 部分、片段

Seed 原因、种子

Select 挑选、选拔

Separate 分离、区别、标识

Sequential 有顺序的、相继的

Serial 串行的、系列的、序列的

Serif 细体字

Series 串联、连贯、成套

Session 学期、期间

Service 服务、检修、劳务

Shader 材质

Set 设置、置位

Shadow 阴影、着色

Shape 造型、形状

Share 共享

Sheet 图纸、方块

Shelve 搁置、暂缓、考虑

Shift 移动、变换

Shortcut 快捷方式

Show 显示、展示

Signal 信号

Sign 签署、有符号的、征兆、标志

Silent 沉默的

Silkscreen 丝印层

Similar 相似的、类似的

Simple 简单的、朴实的

Simulation 仿真

Sitemap 网站地图、网站导航

Situs 地点、位置

Slice 切片、薄片

Slider 滑块、滑动

Slot 槽

Small 小的、细的、微的

Smart 智慧、灵气

Snap 跳转、突然、折断

Snippet 片段、摘录

Software 软件

Solder 焊接

Solid 实心的、固体的、坚固的

Sort 分类

Source 电源、根源

Space 间隔、间隙

Speaker 扬声器

Special 特殊的

Specification 说明书、明细表

Specify 具体指定、详细指明、列入
清单

Speed 速度

Split 分离

Spreadsheet 电子表格、试算表

Square 方形、正直的

Stack 堆积、层叠

Standalone 单板机

Standard 标准、规范

Standoff 支架、平淡

Start 起始

Starve 不足、饥饿

State 状态、形势、州

Static 静止的

Station 平台、地位

Status 地位、资格、身份

Step 步进、踏步、步骤

Stimulus 激励、促进、刺激

Stop 停止

Storage 储存器

Strategy 策略、方案、战略

String 字符串、串、条、弦

Structure 构成、结构、组织

Style 风格、文体、作风

Subversion 颠覆

Summary 摘要、概括、总结

Support 支持

Suppress 压制、抑制、阻止

Surface 表面

Suspend 暂停、挂起、终止

Swap 交换

Sweep 扫描、环视

Switch 开关

Symbol 符号

Synchronous 同步的

Syntax 语法

Synthesis 综合、合成

System 系统

Table 表格

True 真实

Target 目标、对象、指标

Tail 末尾、尾部

Technology 技术、工艺

Teardrop 泪滴

Template 样板

Temperature 温度、气温

Terminal 极限的、末端的、端子

Tenting 掩盖、遮掩

Terminator 终端、负载

Terminate 终结、终止

Text 文本、正文

Test 测试

Themselves 他们自己

TFT 触摸屏、显示器

Thruhole 通孔

Thermal 热的、热量的

Time 时间

Tile 铺排

Timer 定时器

Timebase 时基

Toggle 切换、开关、双稳

Timing 时序、定时

Tool 工具

Tolerance 公差、容限、容差

Top 顶部

Toolbar 工具栏、工具条

Total 总体的、合计为

Topic 题目

Track 轨迹

Touchscreen 触摸屏

Train 培训

Trail 拖

Transfer 传递

Trance 恍惚

Transistor 三极管、晶体管

Transient 暂态、瞬态

Transparency 透明度

Translate 转变、翻译

Triangle 三角

Transport 传输

Trigonometry 三角法

Trigger 触发器、启动、引起

Tube 真空管、电子管、试管

Tune 调谐、曲调、协调

Tutorial 指导、导师

Type 类型

Unassign 未定义

Uncouple 解耦、松开

Undershoot 下冲、负尖峰

Undo 取消、还原

Uniform 相同的、一致的、单调的

Unique 独特的、唯一的

Unit 单位

Universal 普遍的、全体的、宇宙的

Unspecified 不规定、不确定

Up 向上

Update 更新

Usage 用法、习惯、处理

Utility 实用的、通用的

Use 实用

Valid 有效的、确实的、合法的

Validate 使生效

Validation 确认、验证

Value 数值、价值、价格、评价

Variant 变化、派生

Vector 矢量、向量

Vendor 供应商、卖主

Version 版本、翻译

Vertical 垂直、纵向

Vertex 顶点、制高点、极点

Very 很、非常、甚至

VHDL 超高速集成电路硬件描述语言

Via 经、由、过

Victim 被干扰、受害者

Video 视频、录像

View 查看

Violation 违犯、冲突

Virtual 实质上的、虚拟的

Visible 可视的

Voltage 电压

Wait 等待、延缓

Walkaround 环绕、步行、栈桥

Warn 警告、提醒、预告

Wave 波动、起伏、挥动

Waveform 波形图

Where 地点、在哪里

Wide 宽的、广泛的

Window 窗口

Width 宽度、幅度、带宽

Wizard 向导、精灵

Wire 导线

Workspace 工作区、工作空间

Worksheet 工作表单

WOSA（Windows Open Services Architecture）开放服务结构

Worst 最差的、最坏的

Zero 零

Zone 地段、区域

Zoom 缩放、陡升

附录Ⅳ　Altium Designer 英文菜单汉化对应表

A Keyword　A 关键字

Abort Simulation　终止仿真

About Design Explorer　关于设计浏览器

Absolute　绝对

Absolute Layer　绝对层

Absolute Origin　绝对原点

AC Small Signal Analysis Setup　交流小信号分析配置

Accept Changes（Create ECO）　承认改变（建立 ECO）

Access Code　验证码

Accuracy　精度

Activates open documents　激活显示文本

Active Low Input　激活低电平输入

Active Low Output　激活低电平输出

Active project　当前激活项目

Active sheet　当前激活图纸

Active Signals　激活的信号

Add All　添加全部

Add All Waveforms　添加全部波形

Add as Rule　作为规则添加

Add Assembly Outputs　增加装配输出

Add Class　添加分类

Add Component Part　添加元件部件

Add Document　增加文本

Add Document to Focused Project　添加文档到当前项目

Add Documentation Outputs　增加文本输出

Add Existing Project　添加已存在的项目

Add Fabrication Outputs　增加生产输出

Add first condition　添加首要条件

Add From To　添加 From To

Add Internal Plane　增加内电层

Add Layer　添加层

Add Library　添加库

Add License　添加许可证

Add Net　添加网络

Add Net Class　添加网络分类

Add Netlist Outputs　增加网表输出

Add New Cursor　增加新光标

Add New Model　添加新模式

Add New Project　添加新项目

Add One　添加一个

Add or Remove Libraries　添加或移出库文件

Add Other Outputs　添加其他输出

Add Plane　添加内电层

Add Plot　增加图表

Add Project To Version Control　将项目添加到版本控制

Add Remove Component Libraries　添加移出元件库

Add Remove Libraries　添加/移出库文件

Add Reports　增加报告

Add Selected　添加选择的

Add Selected Primitives to Component　添加所选基本元素到元件

Add Sheet Entry　添加图纸入口

Add Signal Layer　增加信号层

Add Suffix　加后缀

Add Template to Clipboard　添加模板到剪贴板

Add To Current Sheet　添加到当前图纸

Add to Custom Colors　添加到自定义颜色

Add To Design　添加到设计

Add To Entire Project　添加到整个项目

Add to new Y axis　增加到新 Y 轴

Add to Project　添加到项目

Add To Sheet　添加到图纸

Add To Version Control　添加到版本控制

Add top level signals to waveform　给波形增加顶层信号

Add Variant　添加变量

Add Watch　增加监视

Add Wave　增加波形

Add Wave To Plot　给图表增加波形

Add Waveform　增加波形

Add waveforms to the new plot　给新图表增加波形

Add Y Axis　增加 Y 轴

Add/Edit Model 增加/编辑模型

Add/Remove Libraries 装载/移出库文件

Add/Remove Library 装载/移出库

AddAlias 添加别名

Advanced（Query） 高级（查询）

Advanced Mode 高级模式

Affected Document 所影响的文本

Affected Object 所影响的对象

Aggregate 合计

Align Bottom 底部对齐

Align Components 对齐元件

Align Components by Bottom Edges 根据元件下缘对齐

Align Components by Horizontal Centers 元件居中对齐

Align Components by Left Edges 元件左边对齐

Align Components by Right Edges 元件右边对齐

Align Components by Top Edges 元件对齐顶部边缘

Align Components by Vertical Centers 根据垂直中心对齐元件

Align Left 左对齐

Align Right 右对齐

Align Top 顶部对齐

Aligned – Bottom 对齐 – 底部

Aligned – Center 对齐 – 中心

Aligned – Inside Left 对齐 – 内部左边

Aligned – Inside Right 对齐 – 内部右边

Aligned – Left 对齐 – 左边

Aligned – Right 对齐 – 右边

Aligned – Top 对齐 – 顶部

all 全部

All Components 全部元件

All Draft 全部草图

All Final 全部最终

All Hidden 全部隐藏

All Locked 全部锁定

All Nets 全部网络

All Off 全部关闭

All On 全部打开

All On Current Document 全部当前文档

All on Layer 全部打开层

All open schematic documents 所有打开原理图文档

All Orientations　所有方向

All schematic documents in the current project　当前项目中所有原理图文档

All Text Docs　全部文本文件

Allow Dock　允许停放

Allow multiple testpoints on same net　允许同一网络多个测试点

Allow Ports to Name Nets　允许端口到网络名

Allow Sheet Entries to Name Nets　允许图纸入口到网络名

Allow Short Circuit　允许电路短路

Allow Synchronization With Database　允许和数据库同步

Allow Synchronization With Library　允许和库同步

Allow testpoint under component　元件下允许测试点

Allow Vias under SMD Pads　SMD 焊盘下允许过孔

Allowed Orientations　允许方向

Allowed Side and Order　允许边和定制

Alpha　字母

Alpha Numeric　字母数字

Alpha Numeric Suffix　字母数字下标

Alphabetically　字母顺序

Alternate 1　另一选择 1

Alternative　其他选择

Always load error file　总是加载错误文件

Amplitude　振幅

Analog　模拟

Analog +12V（+12V）　模拟 +12V（+12V）

Analog +5V（+5V）　模拟 +5V（+5V）

Analog Ground（AGND）　模拟地（AGND）

Analog Routing 1　模拟布线层 1

Analog Routing 2　模拟布线层 2

Analog Routing 3　模拟布线层 3

Analog Signal In　模拟信号输入

Analyse　分析

Analyses Setup　分析配置

Analyses/Options　分析/选项

Analysis　分析

Analysis Errors　分析错误

Analyze Design　分析设计

Analyze Document　分析文档

And Gate　与门

And to wrap long lines　增加到可交换长行

Angular　角形

Angular Dimension　角度

Angular Step　角幅

Animation speed　动画速度

Annotate　标注

Annotation　注释

Anode　正极

ANSI　ANSI

Any　任何

Aperture File（using Wizard formats）　光圈文件（利用向导格式）

Aperture Library　光圈库

Aperture List　光圈列表

Aperture Matching Tolerances　D 码表匹配公差

Append Sheet Numbers to Local Nets　附加图纸编号到本地网络

Applicable Binary Rules　适用的二元规则

Applicable Rules　适用的规则

Applicable Unary Rules　适用的一元规则

Apply Filter　应用过滤器

Apply to Active Chart Only　仅适用于激活图表

Apply to Entire Document　适用于整个文本

Arc　弧线

Arc（Any Angle）　弧形（任何角度）

Arc（Center）　弧形（定中心）

Arc（Edge）　弧形（边限）

Arc Line Width　弧线宽度

Arc Radius　圆弧半径

Architecture　结构

Archive project document　存档项目文件

Arcs　弧形

Arithmetic　算法

Around Point　附近的点

Arrange All Windows Horizontally　水平排列所有窗口

Arrange All Windows Vertically　垂直排列所有窗口

Arrange Components Inside Area　在区域内排列元件

Arrange Components Within Room　在布局空间内排列元件

Arrange Outside Board　在底边界外排列

Arrange Within Rectangle　在矩形里排列

Arrange Within Room　在布局空间里排列

Arrow Length　箭头长度

Arrow Line Width　箭头线宽度

Arrow Position　箭头位置

Arrow Size　箭头大小

Arrow Style Power Port　发射型电源端口

Arrow Width　箭头宽度

Articles and Tutorials　文章和教程

Assembly ％s　装配 ％s

Assembly Drawings　装配制图

Assembly Outputs　装配输出

At Margin　在页边距

At Window　在窗口

Attributes on Layer　层上属性

Auto Create Composite　自动创建合成

Auto indent mode　自动缩进模式

Auto Pan Fixed Jump　自动平移固定范围

Auto Pan Off　自动平移关闭

Auto Pan Options　自动平移选项

Auto Pan ReCenter　自动平移至中心

Auto Placement　自动布局

Auto Placer　自动放置

Auto Route　自动布线

Auto save every　自动保存间隔

Auto Zoom　自动缩放

Auto – Increment During Placement　在布局时自动增加

Auto – Junction　自动加节点

Auto – Position Sheet　自动定位图纸

Automatic（Based on project contents）　自动（基于项目内容）

Automatically crossprobe first error　自动交叉检索第一个错误

Automatically Remove Loops　自动清除回路

Autopan Options　自动位移选项

Autoposition　自动定位

Autosave desktop　自动保存桌面设置

Available Libraries　当前库

Available Routing Strategies　可用的布线策略

Available Signals　可用的信号

Average Track Length（mil）　平均铜线长度（mil）

Avg　平均

Avoid Obstacle　避开障碍物

Back Annotate　反向标注

Background　背景

Backspace unindents　回车取消缩进

Backup Files　备份文件

Backup Options　备份选项

Ball Grid Arrays（BGA）　BGA

Ballistic　可变速度移动

Bank1　组列 1

Bank2　组列 2

Bar Style Power Port　条型电源端口

Bar to use as Main Menu　栏作为主菜单使用

Bar Type　栏类型

Bars　栏

Base Value　低电平

Baseline　基线

Baseline Dimension　基线尺度

Basic DC　基本直流

Batch　批处理

Batch Mode　批命令模式

Begin Group　开始分组

Below is a list of all the processes provided by this server　以下列表是此服务提供的所有处理模块

Beta Deg　Beta 降级

Bezier　曲线

BGA Options　BGA 选项

Bidirectional Signal Flow　双向信号流向

Bill of Materials　材料清单

Bill of Materials（By PartType）For Project［％］　项目［％s］物料清单（元件类型）

Bill of Materials For PCB％s　PCB ％s 材料清单

Bill of Materials For Project ％s　项目材料清单％s

Bitmap File　位图文件

Blank Project（Embedded）　空白项目（嵌入式）

Blank Project（FPGA）　空白项目（FPGA）

Blank Project（Library Package）　空白项目（库包）

Blank Project（PCB）　空白项目（PCB）

Block Indent　块缩进

Block Name　块名称

Block Name：％s　块名称：％s

Board　板

Board Area Color　板区域颜色

Board Dimensions　板尺寸

Board in 3D　3D 板视图

Board Information　板信息

Board La&yers & Colors　板层和颜色

Board La&yers && Colors　板层和颜色

Board Layers Colors　板层颜色

Board Layers & Colors　板层和颜色

Board Layers and Colors　板层和颜色

Board Line Color　板层线颜色

Board Options　板选项

Board Shape　板形

Board Specifications　板技术参数

Bold Waveforms　实线波形

BOOLEAN　布尔数学体系

Border（Auto – Detect）　边界（自动探测）

Border Color　边框颜色

Border On　边框显示

Border Width　边框宽度

Bottom　底层

Bottom Dielectric　底部绝缘层

Bottom Layer　底层

Bottom Layer Annular Ring Size　底层圆环尺寸

Bottom Overlay　底层丝印层

Bottom Paste　底层焊锡层

Bottom Solder　底层阻焊层

Bottom Solder Mask　底层阻焊层

Bottom Layer　底层

Bottom Overlay　底层丝印层

Brackets　支架

Break All Component Unions　从单元中分离出所有元件

Break Component from Union　从单元中分离出元件

Break Track　断开轨迹

Breakpoints　断点

Brightness　亮度

Bring To Front Of　带到某对象前面

Browse　浏览

Browse Component Libraries　浏览元件库

Browse Components　浏览元件

Browse Libraries　浏览库

Browse Library　浏览库文件

Bubble Help Advisor（Shift + F1）　浮动帮助顾问（Shift + F1）

Build Composite　构造合成

Build Later　后来再建

Build PCB Project　构造 PCB 项目

Build Project　构造项目

Build Query　构造智能语句

Build Sooner　立即创建

Build – Up　绝缘层对

Building Query from Board　从板构造查询

Bus　总线

Bus Entry　总线入口

Bus indices out of range　总线超出范围

Bus range syntax errors　总线范围语法错误

Bus Width　总线线宽

By class　通过类

By document type　通过文本类型

C Menu　C 菜单

C Standard　C 标准

Calc. Copper Area　计算. 铜面积

Calculated Impedance =　计算阻抗 =

Calculated Trace Width =　计算线宽 =

CAM Document　CAM 文档

CAM Editor　CAM 编辑器

Cannot Locate Document % s　无法找到% s 文档信息

Capacitance　电容

Capacitor　电容

Capacitors　电容

Categories　类别

Cathode　负极

Center Dimension　中心点尺度

Center Horizontal　水平居中

Center of Object　对象中心

Center Vertical　垂直居中

Change Language　更换语言

Change Order　改变顺序

Change System Font　改变系统字体

Change Technology　改变封装技术

Channel Offset　通道偏移

Characteristic Impedance Driven Width　特性阻抗驱动线宽

Chart　制图

Chart name is blank　图表名称为空

Chart Options　图表选项

Check All Components　检查所有元件

Check In　签入

Check Mode　校验模式

Check Out　签出

Check Syntax　校验语法

Choose a snap grid size　选择捕获网格尺寸

Choose Color　选择颜色

Choose cursor to delete　选择要光标删除

Choose cursor to jump to　选择要跳转到的光标

Choose Default Backup Folder　选择缺省的备份文件夹

Choose Default Document Folder　选择缺省文档文件夹

Choose Design Rule Type　选择设计规则类型

Choose Document　选择文档

Choose Document Scope　选择文档范围

Choose Document to Open　选择要打开的文档

Choose Document to Place　选择文档放置

Choose Documents　选择文档

Choose Documents to Add to Project %s　选择文档加到项目%s

Choose Documents To Compare　选择比较文档

Choose documents to compare – one from the left list and one from the right list　选择比较文档–一个从左面列表另一个从右面列表选择

Choose Project　选择项目

Choose Project Group to Open　选择要打开的项目组

Choose Project to Open　选择要打开的项目

Choose second corner　选择第二角

Choose the document to compare against the design hierarchy of %s　选择与设计层次%s进行比较的文本

Choose the document to compare against the design hierarchy of Documents. PRJPCB　选择与项目文本的层次设计进行比较的文本

Choose Top Level　选择顶层

Choose WAS – IS File for Back – Annotation from PCB　从 PCB 选择 WAS – IS 文件作为反向注释

Circle Style Power Port　循环型电源端口

Circuit　电路

Circuit Simulation　电路仿真

CKT　CKT

Clamping　箝位

Class Ⅰ　分类Ⅰ

Class Ⅱ　分类Ⅱ

Class Type　类型

Classes　分类

Classic Color Set　典型颜色设置

Clean All Nets　清除全部网络

Clean Single Nets　清除单一网络

Clear All Nets　清除全部网络

Clear All Test points　清除全部检测点

Clear All Testpoints　清除全部测试点

Clear Browser Marks　清除浏览器标记

Clear Class　清除类别

Clear Current Filter　清除当前过滤器

Clear Current Filter（Shift + C）　清除当前过滤器（Shift + C）

Clear Existing　清除已存在

Clear Filter　清除过滤器

Clear History　清除历史

Clear Memory　清除存储器

Clear non – numerical values　清除非数字的值

Clear Selected　清除已选

Clear Status　清除状态

Clear workspace compile messages on compile　编译时清除工作空间编译信息

Clearance　间距

Click Clears Selection　单击清除选择

Click on the finish button to complete the task　在结束按钮上单击完成任务

Client　客户端

Client License Usage　客户端许可证用法

Client Setup　客户端设置

Clip to Area　显示框内文本

Clipboard Reference　剪贴板属性

Clock　时钟

Close‘Compile Errors’　关闭"编译错误"面板

Close‘Compiled Object Debugger’　关闭"编译对象调试器"面板

Close‘Differences’　关闭"差异"面板

Close‘Files’　关闭"文件"面板

Close‘Help Advisor’　关闭"帮助顾问"面板

Close‘Inspector’　关闭"检视器"

Close 'Libraries'　关闭"库"

Close 'List'　关闭"列表"

Close 'Messages'　关闭"消息"面板

Close 'navigator'　关闭"浏览器"面板

Close 'Projects'　关闭"项目"面板

Close All Documents　关闭全部文件

Close Composite　关闭合成

Close Documents　关闭文档

Close Focused Project　关闭当前项目

Close Project　关闭项目

Close Project Documents　关闭项目文档

Collapse Row　折叠行

Collect Data For　数据收集类型

Collector　集电极

Color Options　颜色选项

Color Set　颜色设置

Colors && Gray Scales　色彩/灰度级

Colours　颜色

Column Best Fit　适应列宽

Command Reference　命令参考

Command Status　命令状态栏

Comment type　注释类型

Comp Drag　拖动比较

Comparator　比较器

Comparison Type Description　比较类型描述

Compile Active Document　编译当前文档

Compile Active Project　编译当前项目

Compile All　编译全部

Compile All Open Projects　编译全部已打开的项目

Compile All Projects　编译所有项目

Compile Current Project　编译当前项目

Compile Document　编译文档

Compile Errors　编译错误

Compile FPGA Project　编译 FPGA 项目

Compile Later　后来再编译

Compile Library　编译库

Compile only if modified　仅编译修改之后

Compile PCB Project　编译 PCB 项目

Compile Project　编译项目

Components Cut Wires　元件切线

Composite Drill Guide　合成钻孔向导

Composite Layers　合并层

Composite Properties　合成特性

Condition Type / Operator　类型/操作状态

Condition Value　条件值

Conductor Width　导体宽度

Conductors　导体

Configure Drill Pairs　配置钻孔层对

Configure Licenses　配置软件许可证

Configure PLD Compiler　配置 PLD 编译

Configure Project Options for Active Project　为当前项目配置项目选项

Confirm Delete Parameter　确认删除参数

Confirm Global Edit　确定全局编辑

Confirm Remove％s　确认删除％s

Confirm remove the layer％s　确认是否删除层％s

Confirm Selection Memory Clear　选择存储器清除时确认

Connect Layer　连接层

Connect Style　连接样式

Connect To　连接到

Connect to Net　连接到网络

Connect Wire Check　接线检查

Connect Wire Extractor　接线数据

Connected Copper　连接铜线

Connected Tracks　连接铜线

Connection Color　连接颜色

Connection Matrix　连接矩阵

Connector　连接器

Connector Type　连接器类型

Constant Level　常数等级

Constraints　约束限制

Contract All　全部压缩

Convert Part To Sheet Symbol　转换元件为图纸符号

Convert Selected Free Pads to Vias　将所选自由焊盘转换为过孔

Convert Selected Vias to Free Pads　将所选过孔转换为自由焊盘

Convert Special Strings　转换特殊字符串

Convert to DXP Plane Mode　转换为 DXP 内电层模式

Coordinate　坐标

Coordinate Positions　坐标位置

Copper thickness　铜厚度

Copy（Ctrl + C）　复制（Ctrl + C）

Copy Component　复制元件

Copy Footprint From/To　复制封装 从/到

Copy on Field　复制域

Copy preexisting EDIF models when available　当可访问到时拷贝已经存在的 EDIF 模型

Copy Room Formats　复制布局空间格式

Copy to Layers　复制到层

Copyright？Altium Limited 2002　Altium 版权所有 2002

Core（％s）　核心（％s）

Corner　角

Corner 1　角 1

Corner 2　角 2

Corrections　校正

Coupling　耦合

Create a new Board Level Design Project　创建新的板级设计项目

Create a new FPGA Design Project　创建新的 FPGA 设计项目

Create a new Integrated Library Package　创建新的集成库包

Create backup files　创建备份文件

Create compiled SimCode output file　创建编译 SimCode 输出文件

Create Component　创建元件

Create Engineering Change Order　创建工程改变顺序（ECO）

Create Expression　创建表达式

Create FFT Chart　新建 FFT 图表

Create Library　创建库

Create List From PCB　从 PCB 建表

Create Netlist From Connected Copper　从连接的铜板创建网表

Create New Chart　新建图表

Create New Database　新建数据库

Create Non – Orthogonal Room from selected components　根据所选元件创建非正交布局空间

Create Non – Orthogonal Room from Components　根据元件创建非正交布局空间

Create Orthogonal Room from Components　根据元件创建正交布局空间

Create Orthogonal Room from selected components　根据所选元件创建正交布局空间

Create Pairs From Layer Stack　从层堆栈中创建层对

Create Pairs From Used Vias　从所用过孔中创建层对

Create Projects from Path　从指定路径创建项目

Create Rectangle Room from selected components　根据所选元件创建矩形布局空间

Create Rectangular Room from Components　根据元件创建矩形布局空间

Create Report   建立报告

Create Report File   创建报告文件

Create Rule   创建规则

Create Sheet From Symbol   从符号创建图纸

Create Symbol From Sheet   从图纸创建符号

Create Union from Components   从元件创建单元

Create Union from Selected Components   根据所选元件创建单元

Create VHDL File From Symbol   从符号创建 VHDL 文件

Create VHDL from FPGA – Part   从 FPGA 零件创建 VHDL

Create VHDL Testbench   创建 VHDL 测试平台

Create Violations   创建违规信息

Cross Probe   插入探针

Cross Probe to Documents   文档中插入探针

Cross Probe to Schematic   交叉检索到原理图

Crossing Window   交叉窗口

Cross Probe schematic   交叉检索原理图

Crosstalk   串扰

Crosstalk Analysis   串扰分析

Crosstalk Waveforms   串扰分析

Ctrl + Double Click Opens Sheet   Ctrl + 双击打开图纸

Current Component   当前元件

Current Document   当前文档

Current Font   当前字体

Current Layer   当前层

Current Origin   当前原点

Current Page   当前页

Cursor A   光标 A

Cursor B   光标 B

Cursor beyond EOF   EOF 的光标

Cursor beyond EOL   EOL 的光标

Cursor Grid Options   指针网格选项

Cursor through tabs   通过 Tab 移动光标

Cursor Type   光标类型

Curve Width   曲线宽度

Custom Aperture Library File（∗. LIB）   自定义光圈库文件（∗. LIB）

Custom Height   自定义高

Custom Size   自定义大小

Custom Step   定制调试

Custom Style   自定义风格

Custom Width　自定义宽

Customize Resources　自定义资源

Customizing Default Editor　用户缺省自定义编辑器

Customizing PCB Editor　自定义 PCB 编辑器

Customizing PCBLib Editor　自定义 PCBLib 编辑器

Customizing Sch Editor　自定义原理图编辑器

Customizing SchLib Editor　定制原理图库编辑器

Customizing VHDL Editor　自定义 VHDL 编辑器

Cut（Ctrl + X）　剪切（Ctrl + X）

Cutout　挖除部分

Darken　调暗

Data Process　接线数据处理

Database Connection　数据库连接

Database key field　数据库关键字段

Database Link File　数据库链接文件

Database Link Options　数据库链接选项

Database Linking　数据库链接

Database Linking Menu　数据库链接菜单

Database Links　数据库链接

Datasheet　数据表

Datum　数据

Datum Dimension　数据尺度

DC Analysis　DC 分析

DC Sweep Analysis Setup　直流扫描分析配置

Debugging Options　调试选项

Decision　判定

Declare Component At Cursor　在指针指向元件显示说明

Decrease　减少

Decrease Horizontal Spacing of Components　减小元件水平间距

Decrease Priority　降低优先级

Decrease Vertical Spacing of Components　减小元件的垂直间距

default　默认

Default Background　默认背景

Default Bars　缺省面板

Default Color Set　默认颜色设置

Default Designator　缺省名称

Default File Name　缺省文件名

Default Locations　默认位置

Default Power Object Names　默认电源对象名称

Default Primitives 默认基本元素

Default Prints 默认打印

Default Shortcuts 默认快捷方式

Default Stimulus 默认激励

Default Template Name 缺省模板名

Default time units 默认时间单位

Default Value 默认值

Default Vendor Family 默认厂家芯片系列

DefaultEditor 默认编辑

DefaultRowHeight 默认行高

Define from selected objects 从所选对象定义

Define the layout of the PGA footprint byselecting the proper values 选择适当的值定义 PGA 封装引脚布局

degrees 度数

Delete All 全部删除

Delete All Cursors 删除全部光标

Delete All Waveforms 删除全部波形

Delete Chart 删除图表

Delete Class 删除分类

Delete Current Cursor 删除当前光标

Delete Cursor 删除光标

Delete generated files before compile 编译之前删除生成的文件

Delete Net 删除网络

Delete Net Class 删除网络分类

Delete Plot 删除坐标图

Delete Watch 删除监视

Delete Waveform 删除波形

Delta Step 增量调试

Demote 降级

Density Map 密度图

Deselect All 取消全部选择

DeSelect All On Current Document 取消选择当前的全部文档

Design 设计

Design Documents 设计文本

Design Explorer DXP DXP 设计浏览器

Design Explorer DXP – %s 设计浏览器 DXP – %s

Design Explorer Error 设计浏览器错误

Design Explorer Information 设计浏览器信息

Design Explorer Preferences 设计浏览器属性

Disable All Watches　禁用全部监视

Disable dragging　取消拖动

Disable Update All　取消修改全部

Disable Update Selected　取消修改选择的

Disable Watch　禁用监视

Display Cross Sheet Connectors　显示图纸间连接符

Display FFT Charts　显示 FFT 图表

Display Full Hierarchy　显示全部层次

Display Graphical Lines　显示图形线条

Display Logical Designators　显示逻辑标识符

Display Mode　显示模式

Display Name　显示名称

Display Net Labels　显示网络标志

Display No Hierarchy　显示没有层次图

Display Options　显示选项

Display Physical Designators　显示物理标识符

Display Pins　显示引脚

Display Ports　显示端口

Display Printer Fonts　显示打印字体

Display Report　显示报告

Display shadows around menus, toolbars and panels　显示菜单，工具栏，面板的阴影

Display Sheet　显示图纸

Display Sheet Entries　显示图纸入口

Display Sheet Symbols　显示图纸符号

Display Symbols　显示符号

Display System Information　显示系统信息

Distance factor　距离因素

Distribute Horizontally　水平居中分布

Distribute Vertically　垂直居中分布

Division Size　分割尺度

Do not group　不分组

Do you wish to delete the Parameter　你希望删除这个参数吗

Document　文本

Document Editors　文档编辑器

Document Name　文档名称

Document Options　文档选项

Document Order　文档顺序

Document Parameters　文本参数

Document Path　文档路径

Document scope for filtering and selection　过滤选择文档范围

Documentation %s　文本 %s

Documentation Output　文本输出

Documents for %s　%s 文档

Documents for Free Documents　文档为自由文档

Does nothing　无任何操作

Don't Annotate Component　不注释元件

Don't care　不关注

dot　点

Dot Grid　网格点

Dotted　点

Double click line　双击行

Double Click Runs Inspector　双击则运行检视器

Double Sided　双面

Draft Thresholds　草图起点

Drag　拖动

Drag a column header here to group by that column　拖动一列标头到这列用于分组

Drag Orthogonal　直角拖动

Drag Selection　拖动选择内容

Drag Track End　拖动轨迹末端

Draw Solid　画实线

Draw to Custom Aperture　自定义光圈绘图

Drawing　制图

Drawing Tools　制图工具

DRC Error Markers　DRC 错误标记

DRC Report Options　DRC 报告选项

DRC Violations　DRC 违规数

Drill　钻孔机

Drill Drawing　钻孔图

Drill Drawing Plots　钻孔绘制图

Drill Drawing Symbols　钻孔绘制符号

Drill Drawings　钻孔图

Drill Guide　钻孔向导

Drill Guide Plots　钻孔导向图

Drill Pair Properties　钻孔层对属性

Drill Pairs　钻孔配对层

Drill – Pair Manager　钻孔层对管理器

Drill – Pair Properties　钻孔对属性

DrillDrawing　钻孔图

DrillGuide　钻孔向导

Dual in – line Package（DIP）　DIP

Duplicate Selected　复制被选

DXP Help Advisor　DXP 帮助指导

DXP Knowledge Base　DXP 知识库

DXP Learning Guides　DXP 学习指南

DXP Online help　DXP 在线帮助

Dynamic　动态

Dynamic transparency　动态透明效果

Earth　接地

Earth Power Port　接地电源端口

ECO Generation　ECO 启动

EDA Servers　EDA 服务

Edge Connectors　边缘连接器

EDIF Macro　EDIF 宏

EDIF Menu　EDIF 菜单

EDIF Standard　EDIF 标准

Edit Buffer　编辑缓冲

Edit Command　编辑命令

Edit Comment　编辑注释

Edit Full Pad Layer Definition　编辑完整的焊盘层

Edit Keyword Properties　编辑关键字属性

Edit Language Syntax　编辑语言语法

Edit Layer　编辑层

Edit Library　编辑库

Edit Net　编辑网络

Edit Net Class　编辑网络分类

Edit Nets　编辑网络

Edit Number　编辑编号

Edit Pins　编辑引脚

Edit Polygonal Room Vertices　编辑多边形空间的顶点

Edit Rule Priorities　编辑规则优先级

Edit Rule Values　编辑规则数值

Edit Selected　编辑被选

Edit Simulation Signals　编辑仿真信号

Edit String　编辑字符串

Edit Style　编辑风格

Edit Values　编辑值

Edit Variant　编辑变量

Edit Wave   编辑波形

Editing Options   编辑选项

Editor Preferences   参数选择编辑器

EditScript   编辑脚本

Eight Layer（5 x Signal，3 x Plane）   八层（5 信号层，3 内电层）

Elaborate and generate on compile   编译时详细阐述和产生

Electrical Grid   电子网格

Electrical Type   电气类型

Ellipse   椭圆形

Elliptical Arc   椭圆的弧线

Embedded   嵌入

Embedded apertures（RS274X）   内嵌光圈表［RS274X］

Embedded Project   嵌入式项目

Embedded Projects   嵌入式项目

Emitter   发射极

Enable All   全部启用

Enable All Watches   启用全部监视

Enable Font Substitution   允许字型替换

Enable In – Place Editing   启用位置编辑

Enable Update All   使能修改全部

Enable Update Selected   使能修改选择的

Enable Version Control   允许版本控制

Enable Watch   启用监视

Enabled   激活

End Angle   结束角度

End Layer   结束层

Enforce layer pairs settings   执行层对设置

Engineering Change Order   工程改变单

Entity/Configuration   实体/配置

Equalize Net Lengths   补偿网络长度

Error Marker   错误标记

Error Reporting   错误报告

Errors Detected   监测到错误

Errors or warnings found   发现错误或告警

Esc   取消

Example Layer Stacks   层堆栈举例

Examples   范例

Excel Template Filename   Excel 模板文件名

Exclude IEEE Directory   不包括 IEEE 目录

Exclude System Parameters　拒绝系统参数

Execute Changes　执行改变

Expand Row　扩展行

Expansion　扩展

Expansion value from rules　从规则扩展值

Expiry Date　有效期限

Explode　拆解

Explode Component to Free Primitives　将元件拆解为自由的基本元素

Explode Composite　拆解合成

Explode Coordinate to Free Primitives　将坐标拆解为自由的基本元素

Explode Dimension to Free Primitives　将尺度标注拆解为自由的基本元素

Explode Polygon to Free Primitives　将多边形敷铜拆解为自由的基本元素

Explore　浏览

Explore Differences　探测差异

ExplorerFramePanel　管理器框架面板

Exponential/Logarithmic　指数/对数

Export Grid Contents　导出内容

Export Netlist From PCB　从 PCB 导出网表

Export Selected Waveforms　导出选择的波形

Export to PCB　导出到 PCB

Export Using Template　导出使用模板

Expression　表达式

Extension Width　延伸宽度

Fabrication％s　生产％s

Fabrication Outputs　生产输出

Falling Edge Flight Time　下降沿延迟时间

Falling Edge Overshoot　下降沿过冲

Falling Edge Slope　下降沿斜率

Falling Edge Undershoot　下降沿下冲

False　错误

Fanout　扇出

Fanout Direction　Fanout 方向

Fanout Options　Fanout 选项

Fanout Style　Fanout 风格

faster　快

Fatal Error　严重错误

File Mask　文件过滤

Files Found on All Search Paths　在全部路径上查找到的文件

Fill Color　填充颜色

Fills　填充

Film Box　胶片盒

Film Size　胶片尺寸

Film Wizard　胶片向导

Filter　过滤

Filter browsed objects　过滤浏览对象

Filter For　过滤

Filtered Objects　过滤对象

Final　最终

Final Properties　最终属性

Find and Replace Text　查找并替换文本

Find and Set Testpoints　选择和设置测试点

Find Component　查找部件

Find Coupled Nets　发现耦合网络

Find Selections　查找选择内容

Find Similar Objects　找出相似对象

Find text at cursor　光标位置查找文本

First Component　第一个元件

First Layer　首层

First Page　首页

First Transition　首次转换

Fit All Objects　适合全部对象

Fit Board　适合底板

Fit Document　适合大小文档

Fit Document（Ctrl + PgDn）　适合大小文档（Ctrl + PgDn）

Fit Filtered Objects　适合过滤对象

Fit Selected　适合选择

Fit Selected Objects　适合选中对象

Fit Sheet　适合图纸

Fit Specified Area　适合指定区域

Fit Waveforms　适合波形

Fixed Size Jump　固定步长跳转

Flat（Only ports global）　平面（只对全局端口）

Flip Selection　翻转被选

FLOAT　浮点

Focus Wave　主波形

Font Substitutions　字型置换

Footprint　封装

Footprint Model　封装模型

Footprint not found　没有发现封装

Footprints　封装

For a parallel gap of　平行线间距

Force Columns Into View　所有列显示

Force complete tenting on bottom　在底部强制完全伸展

Force complete tenting on top　在顶部强制完全伸展

Foreground　前景

Formal Type　格式类型

Format and Radix　格式和基数

Format Axis　格式化轴

Format Wave　格式化波形

Format Y Axis　格式化 Y 轴

Formats　格式

Formatting　格式化

Found in　发现于

Four Layer（2 x Signal，2 x Plane）　四层（2 信号层，2 内电层）

FPGA Options　FPGA 选项

FPGA Preferences　FPGA 参数选择

FPGA Project　FPGA 项目

FPGA Projects　FPGA 项目

Free Documents　自由文档

Free Objects　自由对象

From To Display Settings　飞线显示设置

From Tos　飞线

From – To Editor　飞线编辑器

Full Circle　圆环

Full line comment　全行注释

Full Query　完全查询

Full Results　全部结果

Full Stack　完全层叠

Function Definitions　函数定义

Gap　间隙

Gear 2　齿轮 2

Gear 3　齿轮 3

Gear 4　齿轮 4

Gear 5　齿轮 5

Gear 6　齿轮 6

Gear's Method 1st Order　齿轮方法第 1 命令

Gear's Method 2nd Order　齿轮方法第 2 命令

Gear's Method 3rd Order　齿轮方法第 3 命令

Generate Change Orders　产生改变命令

Generate DRC Rules　产生 DRC 规则

Generate implicit modules for LPM，XBLOX orLogicB　为 LPM，XBLOX orLogicB 产生隐含模块

Generate Print Preview of Active Document　生成激活文档的打印预览

Generate Report　生成报告

Generate XSPICE Netlist　生成 XSPICE 连线表

Generates pick and place files　生成拾取和摆放文件

Gerber Files　Gerber 文件

Gerber Setup　Gerber 设置

Get Latest Version　得到最后的版本

Global（Netlabels and ports global）　全局（网络标号和全局端口）

GND Power Port　接地电源端口

Goto Line Number　转到连线编号

Graph　图表

Graphic　图形

Graphical　图形

Graphical Editing　图形编辑

Greater Equal　大于或等于

Grid　栅格

Grid 1　网格 1

Grid 2　网格 2

Grid Color　网格颜色

Grid Range　网格范围

Grid Size　网格尺寸

Grid Type　栅格类型

Grids　网格

Ground Plane 1（GND）　地平面层 1（GND）

Ground Plane 2（GND）　地平面层 2（GND）

GroundPlane　地层

Group Binary　分组二进制

Group Line　分组线

Group undo　组取消操作

Grouped Columns　分组列

Guessed Model　高斯模型

Hatching Style　阴影样式

Help Advisor　帮助指导

Helper　助手

Hex　十进制

Hide All　全部隐藏

Hide All In Project　隐藏全部项目

Hide Component Nets　隐藏元件网络

Hide Connections　隐藏连接

Hide delay　隐藏延迟

Hide Net　隐藏网络

Hide panel after displaying waveforms　显示波形之后隐藏面板

Hierarchical Scopes　层次范围

Hierarchical（Sheet entry < - > portconnections）　层次（图纸入口 < - >端口连接）

Hierarchical Path　层次路径

High Confidence　非常匹配

High Current　高电流

High Level　高等级

Highest transparency　最高透明度

Highlight　高亮显示

Highlight by Graph　根据图形高亮

Highlight by Masking　根据遮蔽高亮

Highlight by Selecting　根据选择高亮

Highlight by Zooming　根据缩放高亮

Highlight Comments　高亮注释

Highlight Directives　高亮提示

Highlight in Full　完全高亮

Highlight Keywords　高亮关键字

Highlight Memory contents　高亮显示存储器内容

Highlight Numbers　高亮编号

Highlight Similar Waves　高亮类似波形

Highlight Strings　高亮字符

HiZ　高阻

Hole Size　孔大小

Hole Size Editor　孔大小编辑器

Hole Sizes　孔大小

Holes　孔

HoleSize　孔大小

Horizon　水平

horizontal　水平

Horizontal Spacing　水平间距

Horizontally　水平居中

How should the pads be relatively positioned？　如何相应地放置这些焊盘？

How should this plot appear?　本图表如何显示外观?

How wide should the outline be?　需要多宽的外形尺寸?

How would you like the pads to be named?　你希望如何命名这些焊盘?

I/O Type　I/O 类型

Idle state – ready for command　静止状态 – 准备执行命令

IEEE Symbol　IEEE 符号

IEEE Symbols　IEEE 符号

ignore　忽略

Ignore Differences　忽略不同

Ignore Obstacle　忽略障碍物

Ignore Stubs（mil）　忽略分支（mil）

Illegal bus definitions　不合规定的总线定义

Illegal bus range values　不合规定的总线范围值

Impedance　阻抗

Impedance Calculation　阻抗计算

Impedance Formula Editor　阻抗公式编辑

Imperial　英制

Imperial（mil）　英制（mil）

Import Changes　导入更改

Import Changes From %s　从%s 导入更改

Import FPGA Pin Data　导入 FPGA 引脚数据

Import FPGA Pin – Data to Part　导入 FPGA 引脚数据到元件

Import FPGA Pin – Data to Sheet　导入 FPGA 引脚数据到图纸

Import IBIS　输入 IBIS

Import Waveforms　导入波形

Import/Export　导入/导出

Include Bottom – Side　包含底部

Include Components　包括元件

Include Double – Sided　包含两侧

Include IEEE numeric_std Library　包括 IEEE numeric_std 库

Include on New Printouts　包括新打印输出

Include Parameters Owned By　包括自身参数归属

Include Power Parts　包括电源元件

Include Subdirectories　包括子目录

Include Synopsys Library　包括 Synopsys 库

Include Top – Side　包含顶部

Include unconnected mid – layer pads　包括未连接的中间层焊盘

Include with Clipboard and Prints　包括剪贴板和打印

Included Nets　包括网络

Increase　增加

Increase Horizontal Spacing of Components　增大元件水平间距

Increase Priority　提升优先级

Increase Vertical Spacing of Components　增大元件垂直间距

Increment Part Number　增加零件数

Inductance　电感

Inductor　电感

Inner Layer 1　中间层 1

Inner Layer 2　中间层 2

Inner Layer 3　中间层 3

Inner Layer 4　中间层 4

Inner Layer 5　中间层 5

Inner Layer 6　中间层 6

Input Output　输入/输出

Insert All Wave Views　插入全部波形视图

Insert Duplicate　插入副本

Insert Line　插入线路

Insert Link　插入连接

Insert mode　插入模式

Insert Wave View　插入波形视图

Inside　内部

Inside Area　内部区域

Inside Edge　内部边沿

Inspect　检查

Inspector　检视器

Install Library　加载库

Installed　安装

Installed Libraries　已加载的库

Instance　实例

integer　整数

Integrated　集成

Integrated Library　集成库

Integration　综合

Integration method　集成方法

Interactive Placement　交互布局

Interactive Routing　交互式布线

Interactively Route Connections　交互式连接布线

Internal Layer Pairs　内部层对

Internal Plane %s　内电层 %s

Internal Planes　内电层

Internal Planes（P）　内电层（P）

InternalPlane1　内电层 1

InternalPlane1（（%s））　内电层 1（（%s））

InternalPlane10　内电层 10

InternalPlane10（（%s））　内电层 10（（%s））

InternalPlane11　内电层 11

InternalPlane11（（%s））　内电层 11（（%s））

InternalPlane12　内电层 12

InternalPlane12（（%s））　内电层 12（（%s））

InternalPlane13　内电层 13

InternalPlane13（（%s））　内电层 13（（%s））

InternalPlane14　内电层 14

InternalPlane14（（%s））　内电层 14（（%s））

InternalPlane15　内电层 15

InternalPlane15（（%s））　内电层 15（（%s））

InternalPlane16　内电层 16

InternalPlane16（（%s））　内电层 16（（%s））

InternalPlane2　内电层 2

InternalPlane2（（%s））　内电层 2（（%s））

InternalPlane3　内电层 3

InternalPlane3（（%s））　内电层 3（（%s））

InternalPlane4　内电层 4

InternalPlane4（（%s））　内电层 4（（%s））

InternalPlane5　内电层 5

InternalPlane5（（%s））　内电层 5（（%s））

InternalPlane6　内电层 6

InternalPlane6（（%s））　内电层 6（（%s））

InternalPlane7　内电层 7

InternalPlane7（（%s））　内电层 7（（%s））

InternalPlane8　内电层 8

InternalPlane8（（%s））　内电层 8（（%s））

InternalPlane9　内电层 9

InternalPlane9（（%s））　内电层 9（（%s））

Invertor　反向器

IPC－D－356A Options　IPC－D－356A 选项

Is Active　激活

Item Count　条目计数

Job Files　工作文件

Job Manager Menu 工作管理菜单

Job Manager Toolbar 工作管理工具栏

Jump 跳转

Jump To Current Cursor 跳转到当前光标

Jump To Cursor 跳转到光标

Jump to First Group Object in Selection 转移到被选中的第一个组对象

Jump to First Primitive Object in Selection 转移到被选中的第一个原始对象

Jump to Last Group Object in Selection 转移到被选中的最后一个组对象

Jump to Last Primitive Object in Selection 转移到被选中的最后一个原始对象

Jump To Location 转移到位置

Jump to Next Group Object in Selection 转移到被选中的下一个组对象

Jump to Next Primitive Object in Selection 转移到被选中的下一个原始对象

Jump to Previous Group Object in Selection 转移到被选中的前一级组对象

Jump to Previous Primitive Object in Selection 转移到被选中的前一级原始对象

Jump To Time 跳转到时间

Junction 节点

Junction Cap 节点电容

Junction DC 节点直流

Just this document 只这个文档

Keep last setup 保持以前配置

Keep Out Layer 禁止布线层

Keep – Out Layer 禁止布线层

Keepout 禁止布线

KeepOutLayer 禁止布线层

Key Mapping 关键映射

Keyword 关键字

Keyword Sets 关键字集

Kind 类型

Landscape 横向

Language Name 语言名称

Language Reference 语言参考

Language Setup 语言设置

large 大

Large 90 大于 90

Large Cursor 90 大光标 90

Large Icon 大图标

Last Component 最后的元件

Last Modified 最后修改

Last Page 末页

Last Transition　最后一次转换

Last Value　最后数值

Layer Checking　层校验

Layer Drawing Order　图层图纸顺序

Layer Information　层信息

Layer Name　图层名称

Layer No　图层编号

Layer Pair　层对信息

Layer Pairs　层配对

Layer Properties　图层属性

Layer Stack Manager　层堆栈管理器

Layer Stack Reference　层堆栈参考

Layer Stackup Legend　层堆栈图表

Layers　图层

Layers in layerstack only　仅在层堆栈中的层

LCD Cont　LCD 控制器

LCD Controller　LCD 控制器

Leader　引线

Leader Dimension　引线尺寸

Leading/Trailing Zeroes　前/后导零

Left Delimeter　左分隔符

Left Right Signal Flow　左右信号流向

Less Equal　小于或等于

Level Seperator for Paths　根据路径分离层次

Lib Ref　库参考标号

Libraries　库

Libraries on Path　指定路径的库

Library Component Parameters　库元件参数

Library Component Properties　库元件属性

Library Component Rule Check　库元件规则检查

Library Description　库描述

Library Editor Workspace　库编辑器工作区

Library Layers　库图层

Library name　库名称

Library Options　库选项

Library path　库路径

Library Ref　库参考名

Library Reference　库参考名称

LibRef　库参考符号

License Type　许可证类型

Licensing　许可协议

Lighten　调亮

Line Grid　网格线

Line Number　线编号

Line Style　线类型

Line Width　线宽

linear　线性

Linear Diameter　线性直径

Linear Diameter Dimension　线性直径尺寸

Linear Dimension　线性尺寸

Linked To Sheet　链接到图纸

Literal　文字的

Loading Resources　载入资源

Local Colors　本地颜色

Local Signals　本地信号

Location　位置

Location X1　位置 X1

Location X2　位置 X2

Location X　位置 X

Location Y　位置 Y

Location Marks　位置标记

Location of Part　元件位置

Lock All Pre – routes　锁定全部预布线

Lock Designator　锁定标志符

Lock Pins　锁定引脚

Lock Primitives　锁定原始

Lock Sheet Primitive　锁定原始图

locked　锁定

Logarithmic　对数

Logic　对数

Logical　逻辑

Logical Designator　逻辑标志符

Low Confidence　低度匹配

Low Level　低等级

Lowest transparency　最低透明度

Lumped Elements　集中元素

Lumped Elements Pin Model　集中元素管脚模型

Make Equal　使相等

Make Horizontal Spacing of Components Equal　使元件水平等间距

Make PCB Library　生成 PCB 库

Make Project Library　生成项目库

Make Vertical Spacing of Components Equal　使元件垂直等间距

Make VHDL Library　产生 VHDL 库

Manual　手动

Manufacturer　生产商

Map built – in libraries　映射内置库

Margin Width　边界宽度

Mark Manual Parameters　标记手控参数

Markers　标记

Mask　遮蔽

Mask Layers　遮蔽层

Mask Layers（A）　遮蔽层（A）

Mask Level　遮蔽层次

Mask Matching　遮蔽匹配

Mask Set　遮蔽设置

Match By Parameters　按参数匹配

Material　材料

Max Dist.（mil）　最大距离（mil）

Max Width　最大线宽

Maximum（Ohms）　最大［欧姆］

Maximum（seconds）　最大［秒］

Maximum（Volts）　最大［伏特］

Maximum Stub Length　最大 Stub 长度

Maximum Via Count　最大过孔数量

Measure Distance　位距度量

Measure Primitives　基本度量

Measure Selected Objects　选定对象度量

Measure time　时间度量

Measurement　测量

Measurement Cursors　测量光标

Measurement Method　测量方法

Measurement Unit　度量单位

Measurement Units　度量单位

Mechanical　机械的

Mechanical 1　机械层 1

Mechanical 10　机械层 10

Mechanical 11　机械层 11

Mechanical 12　机械层 12

Mechanical 13　机械层 13

Mechanical 14　机械层 14

Mechanical 15　机械层 15

Mechanical 16　机械层 16

Mechanical 2　机械层 2

Mechanical 3　机械层 3

Mechanical 4　机械层 4

Mechanical 5　机械层 5

Mechanical 6　机械层 6

Mechanical 7　机械层 7

Mechanical 8　机械层 8

Mechanical 9　机械层 9

Mechanical Layer ％ s　机械层 ％ s

Mechanical Layer Pair　机械层配对

Mechanical Layer Pairs　机械层配对

Mechanical Layer（s）to Add to All Plots　机械层加到所有绘制图

Mechanical Layers　机械层

Mechanical Layers（M）　机械层（M）

Mechanical Pair Properties　机械层配对属性

Mechanical1　机械层 1

Mechanical16　机械层 16

Mechanical2　机械层 2

Mechanical3　机械层 3

Mechanical4　机械层 4

Mechanical5　机械层 5

medium　中等的

Medium Confidence　中度匹配

Membership Checks　隶属关系校验

Merge All　全部合并

metric　公制

Microstrip　微波传输带

Mid Layer ％ s　中间层 ％ s

MidLayer1　中间层 1

MidLayer10　中间层 10

MidLayer11　中间层 11

MidLayer12　中间层 12

MidLayer13　中间层 13

MidLayer14　中间层 14

Miscellaneous Styles 附加风格

Mismatched bus label ordering 总线标记次序不匹配

Mismatched bus widths 总线宽度不匹配

Mismatched Bus – Section index ordering 总线部分索引次序不匹配

Missing 遗漏部分

Missing Pad Names 遗漏焊盘名称

Missing Pins in Sequence 序列中遗漏管脚

Mix Sim Menu 混合仿真菜单

Mix Sim Standard 混合仿真标准

Mixed Sim 混合仿真

Model 模型

Model Assignments 模型分配

Model Found 发现模型

Model Map 模型连接信息

Model Name 模型名

Model Name not found in project libraries or installed libraries 在项目库及已加载库中没有发现模型名

Model Path 模型路径

Model Pin Designator 模型引脚标识符

Model Type 模块类型

Models 模型

Models for %s %s 模型

Modification Type Description 修改类型描述

Modifications 更改

Modify Composite 修改合成

Modify Wave Colors 修改波形颜色

Mono 单色

Monte Carlo Analysis Setup Monte Carlo 分析配置

More Buttons 其他工具按钮

More Documents 更多文档

More Projects 更多项目

More Recent Documents 更多最近打开的文档

More Recent Projects 更多最近打开的项目

More Windows 更多窗口

Most recent document – %s 最近打开的文档 – %s

Most recent project – %s 最近打开的项目 – %s

Move Board Shape 移动板形

Move Board Vertices 移动板顶层

Move Component 移动元件

Move Components To Grid　移动元件到网格

Move Room　移动布局空间

Move Rooms To Grid　移动布局空间到网格

Move Selected Components to Grid　移动选中元件到网格

Move Selected Objects　移动选中对象

Move Selection　移动选择部分

Move To Front　向前移动

Multi Layer　多层

Multi line comment　多行注释

Multi line string　多行字符串

Multi – Chann　多通道

Multi – Channel　多通道

Multi – Channel Mixer　多通道混频器

Multi – Layer　多层

MultiLayer　多层

MultiLayer Default Print　多层默认打印

Name Display　名称显示

Navigate　导航

Navigation Options　导航选项

NC Drill Files　NC 钻孔文件

NC Drill Format　NC Drill 格式

NC Drill Setup　NC Drill 设置

NC Editor　NC 编辑器

Net　网络

Net / Bus　网络/总线

Net and Layer　网络和层

Net Class　网络分类

Net Classes　网络种类

Net Identifier Scope　网络标识范围

Net Items　网络条目

Net Label　网络标记

Net Labels　网络标签

Net Name　网络名称

Net Options　网络选项

Net Tie　网络连接

Net Tie in BOM　在 BOM 中的网络连接

Net Track Width　网络线宽

Net Via Size　网络孔尺寸

NetLength　网络线长

Netlist　网表

Netlist For Document　文档网表

Netlist For Project　项目网表

Netlist Manager　网表管理

Netlist Menu　网表菜单

Netlist Options　网表选项

Netlist Status　网表状态

NetPinCount＞5　网络引脚数量＞5

Nets　网络

Nets（Parameters Sets）　网络（参数设置）

Nets In Class　网络分类

Nets/Layers　网络/层

New Chart　新建图表

New Command　新命令

New Component　新建元件

New Component Name　新元件名称

New from existing file　由已存在的文件来创建新文件

New from template　由模板来创建新文件

New Keyword Properties　新关键字属性

New Keyword Set Properties　新关键字集属性

New Location　新位置

New Part　新部分

New Plot　新键坐标图

New Rule Wizard　新规则导向器

New Time　新时间

New ToolBar　新工具栏

New waveform for each simulation　为每次仿真建立新波形

Next Component　下一个元件

Next Part　下一个部分

Next Tab　下一个标记

Next Transition　下一次转换

NO　否

No change　不改变

No Component Selected　无选中元件

No Configure　无配置

No current layer　没有当前层

No Default Template File　没有默认模板文件

No Document Menu　无文档菜单

No Document Shortcuts　无文档快捷方式

No Document Tools　无文档工具

No ERC　不进行错误规则检查标志

No Footprint Available　没有可用的封装

No items are selected for updating　没有选择用于修改的项

No Match　不匹配

No Model Selected　没有模型选中

No Net　无网络

No objects selected　无对象选中

No Output　无输出

No Page Setup　无页面设置

No Preview Available　无可用预览

No Report　无报告

No Schematic Component　没有原理图元件

No Setup Printer　无打印机设置

No signal or plane layer has been selected　没有选择信号层或内电层

No Symbol　无符号

No Updates　不改变

No Warnings　无警告

No – ERC Markers　无 ERC 标记

Node Count　节点数

Node Voltage and Supply Current　节电电压和电源电流

Node Voltage，Supply and Device Current　节电电压、电源和器件电流

Node Voltage，Supply Current and SubcircuitVARs　节电电压、电源电流、支路电流

Node Voltage，Supply Current，Device Current and Power　节电电压、电源电流、器件电流和器件功率

Nodes　节点

Noise　噪声

Noise Analysis Setup　噪声分析配置

Noise/Temp　噪声/温度

Non – Plated Hole Size　无铜过孔尺寸

Not all components have Signal Integrity models set up　并非所有元件都有信号完整性分析模型

Not connected to network server. You are not using any licenses　没有连接到网络服务器，你没有使用任何软件许可证

Not connected to network server. You are using one license　没有连接到网络服务器，你正在使用相应授权

Not Logic Connection　反向逻辑连接

Nothing to Redo　无操作可重做

Nothing to Undo　无操作可撤销

Nothing to Undo（Ctrl + Z）　无操作可取消

Number of backups to keep　保存备份的数目

Number of copies　拷贝数量

Number of Plots Visible　可见图表数目

Number of versions to keep　保存版本的数目

Number Options　编号选项

Object Class Explorer　浏览对象分类

Object Kind　对象类型

Object Specific　对象特性

Object Type Checks　对象类型校验

Object's Electrical Hot Spot　对象电气热点定位

Octagonal　八边形

Octagons　八边形

ODB Steps　ODB 调试

ODB + + Files　ODB + + 文件

ODB + + Setup　ODB + +设置

Off Grid Pads　关闭网格焊盘

Off Sheet Connector　关闭图纸间连接器

Offset Component Reference　偏移元件参考

On Demand　开启请求

OnBottom　在底层

Online　在线

Online DRC　在线 DRC

Only show enabled mechanical Layers　仅显示使能的机械图层

Only show layers in layer stack　层堆栈中只显示信号层

Only show planes in layer stack　层堆栈中只显示内电层

OnMechanical　在机械层

OnMultiLayer　在多层

OnSignal　在信号层

OnSilkscreen　在丝印层

OnTop　在顶层

Open a document　打开一个文档

Open a project　打开一个项目

Open a project or document　打开项目或文档

Open Any Document　打开任何文档

Open Any Document（Ctrl + N）　打开任何文档（Ctrl + N）

Open Any Existing Document（Ctrl + O）　打开任何已经存在的文档（Ctrl + O）

Open Collector　开集电极

Open Collector Pull Up　开集电极上拉电阻

Open Collector PullUp 开集电极上拉电阻

Open Composite for editing 打开合成编辑

Open default primitive file 打开默认属性文件

Open Documents 打开文档

Open Emitter 开发射极

Open Emitter Pull Up 开发射极上拉电阻

Open Emitter PullUp 开发射极上拉电阻

Open Existing Project 打开存在的项目

Open Exported 打开输出文本

Open FPGA Vendor PIN File 打开 FPGA 厂商 PIN 文件

Open IBIS File 打开 IBIS 文件

Open In New Window 在新窗口打开

％s – No SI model for part ％s – 没有部件的 SI 模型

％s Degrees ％s 度

％s mm ％s 毫米

％s object selected in ％s document 在％s 个文档有％s 个对象被选中

％s Objects Displayed（％s Selected） ％s 对象显示（％s 被选择）

％s objects selected ％s 对象被选择

（custom） （自定义）

（pixels） （像素）

＋12 Power Port ＋12 电源端口

＋5 Power Port ＋5 电源端口

－5 Power Port －5 电源端口

0 Hidden comment strings 0 隐藏注释行

0. 01uF Capacitor 0. 01μF 电容

0. 1uF Capacitor 0. 1μF 电容

1 Locked components 1 锁定元件

1 By Ascending X Then Ascending Y 根据 X 递增量决定 Y 递增量

1. 0uF Capacitor 1. 0μF 电容

100K Hertz Pulse 100kHz 脉冲

100K Hertz Sine Wave 100kHz 正弦波

100K Resistor 100K 电阻

10K Hertz Pulse 10kHz 脉冲

10K Hertz Sine Wave 10kHz 正弦波

10K Resistor 10K 电阻

10uF Capacitor 10μF 电容

1K Hertz Pulse 1kHz 脉冲

1K Hertz Sine Wave 1kHz 正弦波

1K Resistor 1K 电阻

1M Hertz Pulse　1MHz 脉冲

1M Hertz Sine Wave　1MHz 正弦波

2 Pads and vias with a hole size between 15 and 30　2 焊盘和过孔的孔大小为 15～30

2. 2uF Capacitor　2. 2μF 电容

4 All testpoints　4 全部测试点

4 Port Serial Interface　4 端口串行接口

4. 7K Resistor　4. 7K 电阻

47K Resistor　47K 电阻

5 Component track and arc silkscreen primitives　5 元件丝印层的基本线和弧线

参 考 文 献

［1］闫胜利，袁芳革，冷小冰 . Altium Designer 6. X 中文版实用教程：原理图及 PCB 设计
　　［M］. 北京：电子工业出版社，2007.

［2］姜艳波 . Altium Designer 6 电路图设计百例［M］. 北京：化学工业出版社，2008.

［3］穆秀春，李娜，訾鸿 . 轻松实现从 Protel 到 Altium Designer［M］. 北京：电子工业出版
　　社，2011.

［4］徐向民 . Altium Designer 快速入门［M］. 2 版 . 北京：北京航空航天大学出版社，2011.

［5］周润景，刘波，徐宏伟 . Altium Designer 原理图与 PCB 设计［M］. 北京：电子工业出
　　版社，2012.

［6］王正勇 . 轻松实现 Altium Designer 板级设计与数据管理［M］. 北京：电子工业出版社，
　　2013.

［7］孙聪 . 轻松学会 Protel 电路设计与制版［M］. 北京：化学工业出版社，2014.

［8］解璞，闫聪聪 . 详解 Altium Designer 电路设计［M］. 北京：电子工业出版社，2014.

［9］林超文 . PADS9. 5 实战攻略与高速 PCB 设计［M］. 北京：电子工业出版社，2014.